勘探开发梦想云丛书

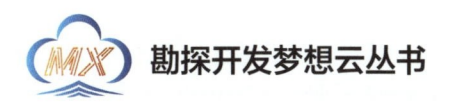

大港智能油气田

熊金良　王洪雨◎等编著

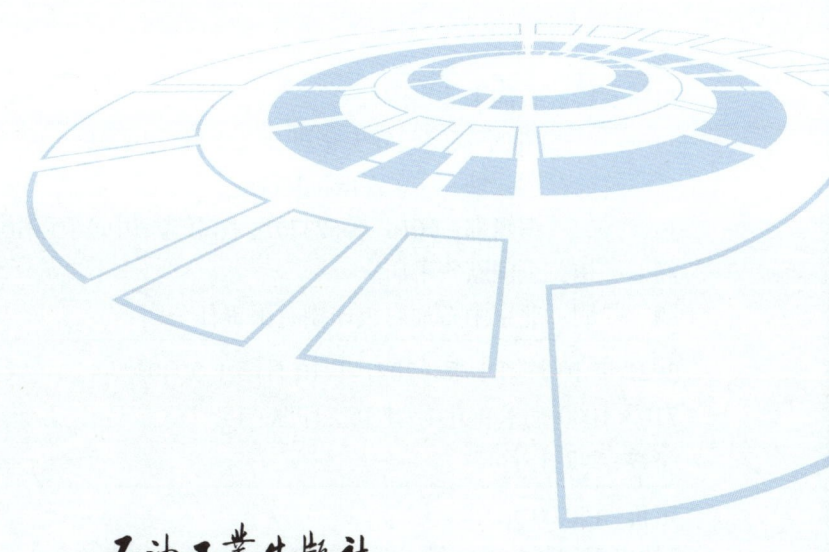

石油工业出版社

内 容 提 要

本书为《勘探开发梦想云丛书》之一，以大港油田建设国内一流智能油田为背景，全面梳理大港油田业务概况及流程，总结两化融合框架下大港数字油田建设及应用成果，详细描述大港油田数字化转型智能化发展的规划蓝图及应用场景，基于梦想云集成共享应用架构提出了从数字化到数智化转变的技术构想及在油气开发领域的业务实践，并展望了大港智能油田未来发展方向。

本书可供从事数字化转型智能化发展建设工作的管理人员、科研人员及大专院校相关专业师生参考阅读。

图书在版编目（CIP）数据

大港智能油气田 / 熊金良等编著 .—北京：石油工业出版社，2021.10

（勘探开发梦想云丛书）

ISBN 978–7–5183–4698–1

Ⅰ.①大… Ⅱ.①熊… Ⅲ.①油田开发–智能技术–应用–研究–天津 Ⅳ.① TE34–39

中国版本图书馆 CIP 数据核字（2021）第 176262 号

出版发行：石油工业出版社
（北京安定门外安华里 2 区 1 号　100011）
网　　址：www.petropub.com
编辑部：(010)64523707　图书营销中心：(010)64523633
经　　销：全国新华书店
印　　刷：北京中石油彩色印刷有限责任公司

2021 年 10 月第 1 版　2021 年 10 月第 1 次印刷
710×1000 毫米　开本：1/16　印张：15
字数：242 千字

定价：150.00 元
（如出现印装质量问题，我社图书营销中心负责调换）
版权所有，翻印必究

《勘探开发梦想云丛书》编委会

主　　任：焦方正

副 主 任：李鹭光　古学进　杜金虎

成　　员：（按姓氏笔画排序）

丁建宇　马新华　王洪雨　石玉江

卢　山　刘合年　刘顺春　江同文

汤　林　杨　杰　杨学文　杨剑锋

李亚林　李先奇　李松泉　何江川

张少华　张仲宏　张道伟　苟　量

周家尧　金平阳　赵贤正　贾　勇

龚仁彬　康建国　董焕忠　韩景宽

熊金良

《大港智能油气田》
编 写 组

组　长：熊金良
副组长：王洪雨　龙　涛
成　员：赖纪顺　陈　哲　曹　中　李　青
　　　　牛伟丽　范德军　阮　杰　辛　波
　　　　宋　勇　陈　利　王　震　陈严飞
　　　　李　石　王元赤　张　靖　马健雄
　　　　牛长亮　杨宣林　付　冰　蒙　文
　　　　张　芸　伏　坤　谢庚易　王　磊
　　　　孙　琳　柯拥振　马祥厚　杨　杰
　　　　尚宝麒　郑　磊　续瑾成　刘　伟
　　　　王　晶　夏　鑫

PREFACE •••

序 一

过去十年,是以移动互联网为代表的新经济快速发展的黄金期。随着数字化与工业产业的快速融合,数字经济发展重心正在从消费互联网向产业互联网转移。2020 年 4 月,国家发改委、中央网信办联合发文,明确提出构建产业互联网平台,推动企业"上云用数赋智"行动。云平台作为关键的基础设施,是数字技术融合创新、产业数字化赋能的基础底台。

加快发展油气工业互联网,不仅是践行习近平总书记"网络强国""产业数字化"方略的重要实践,也是顺应能源产业发展的大势所趋,是抢占能源产业未来制高点的战略选择,更是落实国家关于加大油气勘探开发力度、保障国家能源安全的战略要求。勘探开发梦想云,作为油气行业的综合性工业互联网平台,在这个数字新时代的背景下,依靠石油信息人的辛勤努力和中国石油信息化建设经年累月的积淀,厚积薄发,顺时而生,终于成就了这一博大精深的云端梦想。

梦想云抢占新一轮科技革命和产业变革制高点,构建覆盖勘探、开发、生产和综合研究的数据采集、石油上游 PaaS 平台和应用服务三大体系,打造油气上游业务全要素全连接的枢纽、资源配置中心,以及生产智能操控的"石油大脑"。该平台是油气行业数字化转型智能化发展的成功实践,更是中国石油实现弯道超车打造世界一流企业的必经之路。

梦想云由设备设施层、边缘层、基础设施、数据湖、通用底台、服务中台、应用前台、统一入口等 8 层架构组成。边缘层通过物联网建设,打通云边端数据通道,重构油气业务数据采集和应用体系,使实时智能操作和决策成为可能。数据湖落地建成为由主湖和区域湖构成、具有油气特色的连环数据湖,逐步形成开放数据生态,推动上游业务数据资源向数据资产转变。通用底台提供云原生开发、云化集成、智能创新、多云互联、生态运营等 12 大平台功能,纳管人工智能、大数据、区块链等技术,成为石油上游工业操作系统,使软件开发不再从零开始,设计、开发、运维、运营都在底台上实现，构建业务应用更快捷、高效，业务创新更容易，成为中国石油自主可控、功能完备的智能云平台。服务中台涵盖业务中台、数据中台和专业工具，丰富了专业微服务和共享组件，具备沉淀上游业务知识、模型和算法等共享服务能力，创新油气业务"积木式"应用新模式，极大促进降本增效。

梦想云不断推进新技术与油气业务深度融合，上游业务"一云一湖一平台一入口""油气勘探、开发生产、协同研究、生产运行、工程技术、经营决策、安全环保、油气销售"四梁八柱新体系逐渐成形，工业APP数量快速增长，已成为油气行业自主安全、稳定开放、功能齐全、应用高效、综合智能的工业互联网平台，标志着中国石油油气工业互联网技术体系初步形成，梦想云推动产业生态逐渐成熟、应用场景日趋丰富。

油气行业正身处在一扇崭新的风云际会的时代大门前。放眼全球，领先企业的工业互联网平台正处于规模化扩张的关键期，而中国工业互联网仍处于起步阶段，跨行业、跨领域的综合性平台亟待形成，面向特定行业、特定领域的企业级平台尚待成熟，此时，稳定实用的梦想云已经成为数字化转型的领跑者。着眼未来，我国亟须加强统筹协调，充分发挥政府、企业、研究机构等各方合力，把握战略窗口期，积极推广企业级示范平台建设，抢占基于工业互联网平台的发展主动权和话语权，打造新型工业体系，加快形成培育经济增长新动能，实现高质量发展。

《勘探开发梦想云丛书》简要介绍了中国石油在数字化转型智能化发展中遇到的问题、挑战、思考及战略对策，系统总结了梦想云建设成果、建设经验、关键技术，多场景展示了梦想云应用成果成效，多维度展望了智能油气田建设的前景。相信这套书的面世，对油气行业数字化转型，对推进中国能源生产消费革命、推动能源技术创新、深化能源体制机制改革、实现产业转型升级都具有 重大作用，对能源行业、制造行业、流程行业具有重要借鉴和指导意义。适时编辑出版本套丛书以飨读者，便于业内的有识之士了解与共享交流，一定可以为更多从业者统一认识、坚定信心、创新科技作出积极贡献。

中国科学院院士

PREFACE •••

序 二

当今世界，正处在政治、经济、科技和产业重塑的时代，第六次科技革命、第四次工业革命与第三次能源转型叠加而至，以云计算、大数据、人工智能、物联网等为载体的技术和产业，正在推动社会向数字化、智能化方向发展。数字技术深刻影响并改造着能源世界，而勘探开发梦想云的诞生恰逢其时，它是中国石油数字化转型智能化发展中的重大事件，是实现向智慧油气跨越的重要里程碑。

短短五年，梦想云就在中国石油上游业务的实践中获得了成功，广泛应用于油气勘探、开发生产、协同研究等八大领域，构建了国内最大的勘探开发数据连环湖。业务覆盖50多万口油气水井、700个油气藏、8000个地震工区、40000座站库，共计5.0PB数据资产，涵盖6大领域、15个专业的结构化、非结构化数据，实现了上游业务核心数据全面入湖共享。打造了具有自主知识产权的油气行业智能云平台和认知计算引擎，提供敏捷开发、快速集成、多云互联、智能创新等12大服务能力，构建井筒中心等一批中台共享能力。在塔里木油田、中国石油集团东方地球物理勘探有限责任公司、中国石油勘探开发研究院等多家单位得到实践应用。梦想云加速了油气生产物联网的云应用，推动自动化生产和上游企业的提质增效；构建了工程作业智能决策中心，支持地震物探作业和钻井远程指挥；全面优化勘探开发业务的管理流程，加速从线下到线上、从单井到协同、从手工到智能的工作模式转变；推进机器人巡检智能工作流程等创新应用落地，使数字赋能成为推动企业高质量发展的新动能。

《勘探开发梦想云丛书》是首套反映国内能源行业数字化转型的系列丛书。该书内容丰富，语言朴实，具有较强的实用性和可读性。该书包括数字化转型的概念内涵、重要意义、关键技术、主要内容、实施步骤、国内外最佳案例、上游应用成效等几个部分，全面展示了中国石油十余年数字化转型的重要成果，勾画了梦想云将为多个行业强势赋能的愿景。

没有梦想就没有希望，没有创新就没有未来。我们正处于瞬息万变的时代——理念快变、思维快变、技术快变、模式快变，无不在催促着我们在这个伟大的时代加快前行的步伐。值此百年一遇的能源转型的关键时刻，迫切需要我们运用、创造和传播新的知识，展开新的翅膀，飞临梦想云，屹立云之端，体验思维无界、创新无限、力量无穷，在中国能源版图上写下壮美的篇章。

中国科学院院士 邹才能

FOREWORD TO SERIES
丛书前言

党中央、国务院高度重视数字经济发展，做出了一系列重大决策部署。习近平总书记强调，数字经济是全球未来的发展方向，要大力发展数字经济，加快推进数字产业化、产业数字化，利用互联网新技术新应用对传统产业进行全方位、全角度、全链条的改造，推动数字经济和实体经济深度融合。

当前，世界正处于百年未有之大变局，新一轮科技革命和产业变革加速演进。以云计算、物联网、移动通信、大数据、人工智能等为代表的新一代信息技术快速演进、群体突破、交叉融合，信息基础设施加快向云网融合、高速泛在、天地一体、智能敏捷、绿色低碳、安全可控的智能化综合基础设施发展，正在深刻改变全球技术产业体系、经济发展方式和国际产业分工格局，重构业务模式、变革管理模式、创新商业模式。数字化转型正在成为传统产业转型升级和高质量发展的重要驱动力，成为关乎企业生存和长远发展的"必修课"。

中国石油坚持把推进数字化转型作为贯彻落实习近平总书记重要讲话和重要指示批示精神的实际行动，作为推进公司治理体系和治理能力现代化的战略举措，积极抓好顶层设计，大力加强信息化建设，不断深化新一代信息技术与油气业务融合应用，加快"数字中国石油"建设步伐，为公司高质量发展提供有力支撑。经过20年集中统一建设，中国石油已经实现了信息化从分散向集中、从集中向集成的两次阶段性跨越，为推动数字化转型奠定了坚实基础。特别是在上游业务领域，积极适应新时代发展需求，加大转型战略部署，围绕全面建成智能油气田目标，制定实施了"三步走"战略，取得了一系列新进步新成效。由中国石油数字和信息化管理部、勘探与生产分公司组织，昆仑数智科技有限责任公司为主打造的"勘探开发梦想云"就是其中的典型代表。

勘探开发梦想云充分借鉴了国内外最佳实践，以统一云平台、统一数据湖及一系列通用业务应用（"两统一、一通用"）为核心，立足自主研发，坚持开放合作，整合物联网、云计算、人工智能、大数据、区块链等技术，历时五年持续攻关与技术迭代，逐步建成拥有完全自主知识产权的自主可控、功能完备的智能工业互联网平台。2018年，勘探开发梦想云1.0发布，"两统一、一通用"蓝图框架基本落地；2019年，勘探开发梦想云2.0发布，六大业务应用规模上云；2020年，勘探开发梦想云2020发布，梦想云与油气业务深度融合，全面进入"厚平台、薄应用、模块化、迭代式"的新时代。

勘探开发梦想云改变了传统的信息系统建设模式，涵盖了设备设施层、边缘层、基础设施、数据湖、通用底台、服务中台、应用前台、统一入口等8层架构，拥有10余项专利技术，提供云原生开发、云化集成、边缘计算、智能创新、多云互联、生态运营等12大平台功能，建成了国内最大的勘探开发数据湖，支撑业务应用向"平台化、模块化、迭代式"工业APP模式转型，实现了中国石油上游业务数据互联、技术互通、研究协同，为落实国家关于加大油气勘探开发力度战略部署、保障国家能源安全和建设世界一流综合性国际能源公司提供了数字化支撑。目前，中国石油相关油气田和企业正在以勘探开发梦想云应用为基础，加快推进数字化转型智能化发展。可以预见在不远的将来，一个更加智能的油气勘探开发体系将全面形成。

为系统总结中国石油上游业务数字化、智能化建设经验、实践成果，推动实现更高质量的数字化转型智能化发展，本着从概念设计到理论研究、到平台体系、到应用实践的原则，中国石油2020年9月开始组织编撰《勘探开发梦想云丛书》。该丛书分为前瞻篇、基础篇、实践篇三大篇章，共十部图书，较为全面地总结了"十三五"期间中国石油勘探开发各单位信息化、数字化建设的经验成果和优秀案例。其中，前瞻篇由《数字化转型智能化发展》一部图书组成，主要解读数字化转型的概念、内涵、意义和挑战等，诠释国家、行业及企业数字化转型的主要任务、核心技术和发展趋势，对标分析国内外企业的整体水平和最佳实践，提出数字化转型智能化发展愿景；基础篇由《梦想云平台》《油气生产物联网》《油气人工智能》三部图书组成，主要介绍中国石油勘探开发梦想云平台的技术体系、建设成果与应用成效，以及"两统一、一通用"的上游信息化发展总体蓝图，并详细阐述了物联网、人工智能等数字技术在勘探开发领域的创新应用成果；实践篇由《塔里木智能油气田》《长庆智能油气田》《西南智能油气田》《大港智能油气田》《海外智能油气田》《东方智能物探》六部图书组成，分别介绍了相关企业信息化建设概况，以及基于勘探开发梦想云平台的数字化建设蓝图、实施方案和应用成效，提出了未来智能油气的前景展望。

该丛书编撰历经近一年时间，经过多次集中研究和分组讨论，圆满完成了准备、编制、审稿、富媒体制作等工作。该丛书出版形式新颖，内容丰富，可读性强，涵盖了宏观层面、实践层面、行业先进性层面、科普层面等不同层面的内容。该丛书利用富媒体技术，将数字化转型理论内容、技术原理以知识窗、二维码等形式展现，结合新兴数字技术在国际先进企业和国内油气田的应用实践，使数字化转型概念更加具象化、场景化，便于读者更好地理解和掌握。

该丛书既可作为高校相关专业的教科书，也可作为实践操作手册，用于指导开展数字化转型顶层设计和实践参与，满足不同级别、不同类型的读者需要。相信随着数字化转型在全国各类企业的全面推进，该丛书将以编撰的整体性、内容的丰富性、可操作的实战性和深刻的启发性而得到更加广泛的认可，成为专业人员和广大读者的案头必备，在推动企业数字化转型智能化发展、助力国家数字经济发展中发挥积极作用。

中国石油天然气集团有限公司副总经理　焦方正

FOREWORD ●●●

前 言

中国石油大港油田分公司（以下简称大港油田）位于国家"十一五"重点开发开放建设区——天津市滨海新区，是中华人民共和国成立后发现的第四个油田。现有矿权面积 1.68 万平方千米，油、气资源量分别为 26.5 亿吨和 5610 亿立方米，自 1964 年至今已累计生产原油 1.98 亿吨、天然气 255.6 亿立方米，在中国石油油气生产单位中，油气当量产量排名居中。

大港油田油气分布范围广、地质情况复杂，属中低渗透复杂断块油气藏。随着资源劣质化，复杂断块勘探开发难度日益加大，现已整体进入高含水、高采出程度阶段。油田涉及业务环节多、专业跨度大、流程复杂、数据量庞大，要实现高效勘探、低成本开发、经营管理精细管控、安全环保高效受控，实现提质增效、高质量发展、促进"油公司"模式改革，必须开展革命性举措及创新改革，全面推进数字化转型智能化发展。

大港油田高度重视信息化建设及两化融合工作。20 世纪 80 年代至 2018 年底，大港油田信息化建设经历分散建设、集中建设、集成应用三个阶段，取得显著成果及应用效果。

大港油田建成高效稳健的办公网、安全隔离的生产网及绿色数据中心；全面完成覆盖勘探开发全业务领域的数据资源建设，并持续开展高效的数据治理；基于勘探开发梦想云建成协同高效的研究云环境；基于物联网技术完成"港西模式"的单井数字化及"王徐庄模式"的井—管道—站库一体化集成；建成横向覆盖多部门、纵向贯穿多层级的油气生产业务管理平台；在中国石油率先实现两化融合贯标认证；基本实现数字油田建设，整体形成数字化业务应用环境；初步打造了一支油气业务与信息技术复合型数字化人才队伍，保障了数字油田建设稳步推进。

随着新一代信息技术的发展，信息化建设面临全新的挑战与机遇。中国石油提出并发布了勘探开发梦想云，为解决传统信息化烟囱式独立建设产生的"缺、重、孤"

问题提供了解决方案。大港油田按照中国石油总体要求，基于中国石油上游业务信息化顶层设计，编制完成依托梦想云技术架构、符合大港油田实际业务需求的配套方案，并在此基础上编制了数字化转型智能化发展的蓝图，积极加以推行。

作为梦想云共同建设者及梦想云首批试点单位，自2018年梦想云1.0发布至今，大港油田持续深化开展梦想云在勘探、开发、工程业务领域的应用，并持续开展区域数据湖、专业软件计费共享、业务中台等相关技术攻关，梦想云在大港油田已取得系列建设成果，应用成效显著，有力推进了"油公司"模式下的数字化转型，为智能化发展奠定了良好的基础。

为全面推进数字化转型智能化发展进程，大港油田做了《锚定高质量 聚焦低成本 为建设国内一流的数智油田而努力奋斗》的工作报告，明确以高质量发展为主题，以数字化转型为主线，以低成本运营为主调，基于梦想云架构、从数字化到智能化全面升级建设纳入大港油田发展战略。

本书为《勘探开发梦想云丛书》之一，全书共分四章：

第一章数字化建设成果：由王洪雨、曹中、牛伟丽、辛波、陈严飞、续瑾成、张靖、马健雄、刘伟等编写；概要介绍大港油田主营业务，回顾总结大港油田在梦想云部署前的数字化建设历程、取得成果及应用效果。

第二章数字化转型蓝图：由赖纪顺、阮杰、范德军、王震、宋勇、陈利、杨杰、王磊、尚宝麒、张芸等编写；分析数字化及智能化发展趋势、业务与信息化存在问题和需求，描绘了基于梦想云架构下大港油田数字化转型整体发展蓝图。

第三章转型成果及成效：由陈哲、牛伟丽、郑磊、范德军、李石、阮杰、王元赤、杨宣林、伏坤、谢庚易、王晶等编写；论述梦想云发布后大港油田在数据湖、业务中台、专业应用等方面的工作成效，并描述了梦想云在油气开发领域的业务实践。

第四章智能油气田展望：由龙涛、李青、马祥厚、柯拥振、孙琳、牛长亮、付冰、蒙文、夏鑫等编写；展望基于梦想云架构下大港智能油田发展的总体愿景目标和场景规划。

全书由熊金良负责统稿和审稿。

本书的编写得到中国石油勘探与生产板块原科技信息主管领导、梦想云蓝图提出和建设推动者杜金虎教授的指导，他组织召开了多次视频会议对书稿进行讨论，并提出宝贵修改意见；同时得到大港油田各业务相关单位陈建新、王文革、李晓良、肖敦清、付大其、王军、张家良等领导和专家及昆仑数智科技有限责任公司马涛、赵秋生、王铁成等信息技术专家的大力支持与帮助；石油工业出版社庞奇伟、金平阳等专家协助修改定稿，在此表示衷心感谢。

目录

大港油田信息化工作历经三十多年的建设历程，取得较为丰厚的数字化建设成果。本章主要结合大港油田勘探开发历程，系统总结了2018年之前在基础设施环境、数据资产管理、协同研究环境、地面生产数字化、经营办公管理、安全环保等方面信息化建设的成果及成效。

第一章 数字化建设成果

- 第一节 公司基本概况 /02
- 第二节 数字化建设历程 /04
  - 一 分散建设阶段 /05
  - 二 集中建设阶段 /05
  - 三 集成应用阶段 /06
- 第三节 数字化建设成果及应用 /07
  - 一 搭建高效安全的基础设施环境 /07
  - 二 建立全过程数据资产管理体系 /13
  - 三 初步建立勘探开发协同研究新模式 /27
  - 四 基本建立勘探开发生产管理数字化平台 /44
  - 五 率先建立地面生产数字化新模式 /54
  - 六 建立经营管理与综合办公新模式 /59
  - 七 建立信息化组织管理新体系 /61

第二章　数字化转型蓝图

大港油田信息化建设，取得较为丰厚的数字化建设成果，虽然很大程度上支持了勘探开发业务，但也面临着巨大的挑战。2018 年，大港油田在中国石油信息化工作整体部署下，提出了自己的数字化转型发展蓝图，加速进入了从数字化到数智化的发展新阶段。本章主要分析了大港油田在数字化转型面临的形势、挑战与机遇，描述了数字化转型发展蓝图和实施计划。

- **第一节　面临的形势与挑战　　　　　　　　　　　　/68**
  - 一　主营业务发展战略　　　　　　　　　　　　　/68
  - 二　核心业务流程　　　　　　　　　　　　　　　/69
  - 三　主营业务面临的形势与挑战　　　　　　　　　/71
  - 四　信息化建设面临的形势与挑战　　　　　　　　/73
  - 五　应对策略　　　　　　　　　　　　　　　　　/76
- **第二节　数字化转型蓝图设计　　　　　　　　　　　/78**
  - 一　设计思路及目标　　　　　　　　　　　　　　/79
  - 二　蓝图设计　　　　　　　　　　　　　　　　　/80
- **第三节　实施计划与保障措施　　　　　　　　　　　/91**
  - 一　实施计划　　　　　　　　　　　　　　　　　/91
  - 二　实施策略　　　　　　　　　　　　　　　　　/92
  - 三　保障措施　　　　　　　　　　　　　　　　　/93

第三章 转型成果及成效

大港油田作为梦想云参建方和试点单位，积极推动梦想云应用与开发实践工作。本章详细介绍了 2018 年梦想云上线之后，大港油田在区域湖建设、梦想云中台完善、应用系统云化升级、云化模块开发、协同环境应用建设等方面开展的主要工作。

- **第一节　区域湖建设**　　　　　　　　　　　　　　　　　**/98**
  - 一　大港区域湖架构设计　　　　　　　　　　　　　　/98
  - 二　区域湖实施　　　　　　　　　　　　　　　　　　/100
  - 三　应用效果　　　　　　　　　　　　　　　　　　　/107
- **第二节　梦想云中台扩展与完善**　　　　　　　　　　　　**/114**
  - 一　基于梦想云业务中台的扩展应用　　　　　　　　　/114
  - 二　业务中台部署与实施　　　　　　　　　　　　　　/119
  - 三　应用效果　　　　　　　　　　　　　　　　　　　/125
- **第三节　应用系统云化升级**　　　　　　　　　　　　　　**/145**
  - 一　云化升级思路　　　　　　　　　　　　　　　　　/145
  - 二　云化升级应用示例　　　　　　　　　　　　　　　/147
- **第四节　云原生开发**　　　　　　　　　　　　　　　　　**/156**
  - 一　云化模块开发思路　　　　　　　　　　　　　　　/156
  - 二　云化模块开发实例　　　　　　　　　　　　　　　/157
- **第五节　协同环境应用**　　　　　　　　　　　　　　　　**/182**
  - 一　功能简介　　　　　　　　　　　　　　　　　　　/183
  - 二　推广应用情况　　　　　　　　　　　　　　　　　/184

第四章　智能油气田展望

展望未来，随着"ABCDE"（人工智能、区块链、云计算、大数据、边缘计算）等新一代信息技术的广泛应用，智能油田建设将为油气田企业数字化转型智能化发展带来新的活力。本章围绕"六化"特征，重点描绘了未来大港油田在智能化发展方面的建设目标及应用愿景。

- **第一节　总体目标** /192
  - 一　全面感知，数字化采集全程覆盖　/192
  - 二　无人值守，自动化操控全线运行　/193
  - 三　通贯全程，一体化协同全域管控　/193
  - 四　流程优化，无纸化办公全面实现　/193
  - 五　业财融合，智能化生产经营全局决策　/194
  - 六　转型发展，扁平化管理模式全新构建　/194
- **第二节　智能油田愿景** /194
  - 一　智能化勘探开发一体化协同研究与决策　/195
  - 二　智能化勘探开发规划方案部署、优化与潜力掌控　/198
  - 三　智能化产能建设全过程管理、跟踪与评价分析　/200
  - 四　智能化油气藏配产配注与动态跟踪优化　/203
  - 五　智能化采油气工程管控与实时优化　/205
  - 六　智能化油气集输地面生产动态调控　/209
  - 七　智能化安全环保全过程管理与风险管控　/211
  - 八　智能化企业经营、管理与决策分析　/214

结束语　/218

参考文献　/219

第一章
数字化建设成果

　　大港油田信息化工作历经三十多年的建设历程，取得较为丰厚的数字化建设成果。本章主要结合大港油田勘探开发历程，系统总结了 2018 年之前在基础设施环境、数据资产管理、协同研究环境、地面生产数字化、经营办公管理、安全环保等方面信息化建设的成果及成效。

第一节　公司基本概况

大港油田隶属中国石油，是以油气勘探开发为主营业务的地区分公司。大港油田勘探开发建设始于1964年1月，同年12月港5井的发现标志着大港油田诞生，成为新中国继克拉玛依、大庆、胜利之后第四个油田。2000年，大港油田公司、大港油田集团公司、大港石化公司重组分立；2002年以后，原大港油田集团公司物探、海洋工程、钻探、装备、工程建设、天然气销售、测井等业务相继划离，其他业务与原大港油田公司重组整合，统称中国石油大港油田分公司。油田总部位于国家"十一五"重点开发开放建设区——天津市滨海新区，距北京市190千米，距天津市中心60千米，距雄安新区180千米，地理位置优越，海陆空交通发达，往来便捷，是环渤海经济圈的重要组成部分。

大港油田现有矿权面积1.68万平方千米，油、气资源量分别为26.5亿吨和5610亿立方米。截至2020年底，累计探明石油地质储量13.16亿吨、天然气地质储量751.9亿立方米，累计动用石油地质储量9.8亿吨，累计生产原油1.98亿吨、天然气255.6亿立方米，整体采收率26.5%，可采储量采出程度77%。目前，拥有油水井8600余口，原油年生产能力保持在415万吨左右，天然气年生产能力保持在5亿立方米左右。在中国石油油气生产单位中，油气当量产量排名居中（图1-1-1）。

大港油田业务包括上市、未上市（含矿区）、多元投资三部分，资产总额590.8亿元。现有处级机构58个，其中机关部门16个、直属单位5个、所属二级单位37个，员工总人数2.33万人。

经过57年的勘探开发建设，大港油田发展形成了六大业务：
（1）预探评价业务。

大港探区地跨津、冀、鲁22个区、市、县，截至2020年底，拥有3个探矿

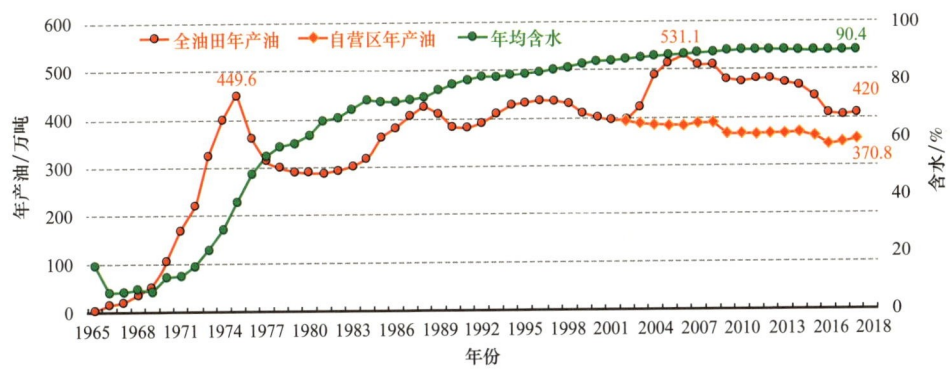

图 1-1-1　大港油田产量变化图

权、26个采矿权；分别完成二维、三维数字地震采集47233千米、14025平方千米，累计完钻各类探井2324口，探井成功率47.9%。勘探业务主要涵盖地质、物探、钻井、测井、录井、试油等。

（2）油气开发业务。

开发区域分布在天津、河北两地，涉及陆地及海上5米以下沿海滩涂地区，现有北大港、板桥、羊三木、王官屯、埕海等30余个油气田（开发区），是国内为数不多的具备陆地、海上开采能力的油田。

（3）工程技术业务。

工程技术任务主要包括钻井工程、井控监督、井下作业等。作为复杂断块老油田，大港油田地质条件复杂、井控风险较大。经过多年的探索实践，在井控管理、钻井轨迹优化、钻井工程质量提升、复杂结构井提能力、老井储层改造、疑难长停井修复、防砂工程、修井作业油层保护方面取得了明显成绩，在中国石油处于前列。

（4）地面工程业务。

拥有油水井8000余口、管道长5199千米、主要站场120座，主要涉及油气集输系统、天然气系统、采出水处理系统、供注水系统、储运系统、供配电系统、道路系统七大系统，形成了与复杂断块油藏开发相适应的地面系统。

（5）储气库业务。

率先在国内开展了大张坨储气库建设，先后建成及运营储气库7座，设计库容76.8亿立方米，设计工作气量34.57亿立方米，年注气量18.7亿立方米、采气量16.8亿立方米，形成了较完善的天然气产、供、储、输、配系统，为京津冀地区的季节性用气调峰和陕京输气管道的安全运行提供了有力保障。

（6）页岩油业务。

大港油田自2017年开始页岩油研究，大港探区发育沧东、歧口两大富油凹陷，有利区面积2400平方千米。2018年开始，陆续投产47口井（老井利用8口，新井39口）；截至2018年8月，累计产液36万吨，累计产油14万吨，峰值日产液达790吨、日产油达396吨，成为国内首家在陆相页岩油勘探开发实现重要突破的油气田，在官东地区形成亿吨级增储战场，率先在渤海湾盆地实现陆相页岩油工业化开发。

第二节　数字化建设历程

大港油田信息化建设自1985年开始，至2018年底主要分为分散建设、集中建设、集成应用三个阶段（图1-2-1）。分散建设阶段：主要在动静态数据库、基础通信网络方面开始摸索前行；集中建设阶段：坚持"以建设促应用，以应用促建设"原则，集中开展信息系统、数据资源、基础网络建设；集成应用阶段：大力推进"数字油藏、数字井筒、数字地面、数字办公"的数字油田建设。2018年底后，大港油田进入共享智能阶段：勘探开发梦想云在大港油田率先进行试点，成为大港油田步入共享智能阶段崭新的"里程碑"。

● 图1-2-1　大港油田信息化建设阶段

一　分散建设阶段

2000年之前，大港油田信息化的分散建设阶段，主要在动静态数据库、基础通信网络方面开始摸索前行。

动静态数据库方面：20世纪90年代初，大港油田积极配合中国石油开展勘探开发，同时积极推动建厂以来采油气井月报数据录入，完成1964—1992年单井开发井史数据库建设，部署单机版dBASE数据库系统支撑马西油田报表使用软盘报送（1985年），油水井生产日、月报数据处理软件（1992年）实现了开发地质日、月报的逐级自动汇总。与此同时，开展分析化验数据库建设（1998年），完成建厂以来所有取心井分析化验数据库补录工作。

基础通信网络方面：伴随"六四一"厂成立，大港油田开始通信网络等资源建设，"8511"通信网改造工程（1985年）成为大港油田现代通信建设的发轫，MD110程控数字交换机开通成功（1989年）标志着大港油田通信从此进入数字程控交换时代，2000年左右主体形成以港内地区100M、南部地区10M为标志的基本网络雏形。

二　集中建设阶段

2001—2010年，是大港油田信息化的集中建设阶段。按照中国石油统一规划，大港油田持续加大信息化建设的人力、物力、财力投入，"以建设促应用，以应用促建设"，集中开展信息系统、数据资源、基础网络建设，同时建立健全组织机构和信息化管理制度，大港油田信息化步入发展的黄金时期。

信息系统建设方面：中国石油在大港油田试点建设的上游生产信息管理系统油藏子系统正式上线（2004年），结束了油藏纸质报表印刷后上报的历史，勘探与生产技术数据管理系统（A1）大港油田推广项目、油气水井生产数据管理系统（A2）相继通过中国石油验收（2007年），期间ERP系统率先实现单轨运行，油水井数字化率率先达到100%。

数据资源方面：数据资源建设进展显著，相继建成比较完善的测井、录井、测试、化验、井下作业等专业数据库，尤其以测井、录井等为代表的复杂结构数据管理水平居行业前列，数据管理中心初具规模。2005—2006年，启动电子档案库建设，通过电子化扫描，将分析化验、年报等12万份技术类报告进行整理、编目、成册、网上发布，电子档案馆取得突破性进展。

基础网络建设方面：2002年，大港油田千兆网及南部无线网络改造顺利完成，录井实时数据远程传输系统上线运行，大港油田成为中国石油首家实现井场远程监控规模应用的油田。2003年，完成大港油田三级单位光纤网络接入，基础网络建设走在了中国石油前列。2007年，大港油田数据中心正式投入运行，实现了大港油田所有服务器、存储设备物理集中管理。

组织机构和信息化管理方面：2001年，成立了科技与信息委员会、科技信息处及所属单位信息中心三级组织网络，召开了第一届信息委员会工作会议，通过了第一个信息化五年规划，发布了信息化工作管理办法等一大批制度文件，培育了一支高素质、高水平的专职信息人才队伍，为信息化建设奠定了坚实的管理基础。

三 集成应用阶段

2011—2018年，是大港油田信息化的集成应用阶段。根据"十三五"规划，在IT基础资源建设的基础上大力推进"数字油藏、数字井筒、数字地面、数字办公"的数字油田建设，集成应用效果突出，锤炼了一批"拳头"产品，开创了一批全新模式，取得了一批特殊荣誉，有力支撑了大港油田"老油田"提质增效，信息化工作走在了中国石油前列。

IT基础资源建设全面夯实，依托"光纤入户、三网融合"项目，历时3年完成了大港油区"光进铜退"的历史性跨越，带宽由1MB提高至500MB、彻底告别了封闭的专网时代，为下一步民用通信业务社会化奠定了坚实基础。企业光改主体完成，光缆网络实现了"大港油田—采油厂—作业区—基层班站"四级全覆盖，并逐步向井场延伸，建成了有线无线一体化的生产专网，满足了大港油田生产数据采集、控制与监控需求，取消二级机房、建立了"物理分散、逻辑统一、云管协同、业务感知"的大港油田云计算数据中心，实现了硬件资源的"云化管理"。

数字油田建设方面完成，数字油藏 1.0 基本建成，创建了集软件、数据于一体的"云端"科研环境，部署专业软件近 30 种，油藏研究工区近 500 个、研究工作线上开展达 90% 以上，研究效率提升 39%，打造了一体化井筒、井生命周期"一横（时间）一纵（深度）"两个系统，实现了录井、测井等信息跨专业一体化展示、人性化查询和智能化应用，资料搜集整理时间缩短 50% 以上；打造了"单井—管线—站库"地面数字化集成的"王徐庄模式"，创建"硬件工厂"打造了大港油田独立自主的"全盛"系列地面数字化产品，启动油气井视频监控、管道完整性管理建设，依托油气生产物联网系统（A11）实现了 23 座场站少人值守、无人值守，生产效率提升 40% 以上，建立了新型生产模式。ERP 系统应用先进经验在 16 家油气田进行宣讲，公文、合同、产量变化跟踪分析等一大批信息系统广泛应用，为大港油田经营管理提供了信息化手段。

第三节　数字化建设成果及应用

截至目前，大港油田信息化建设历经了四个阶段，建成了高效安全的基础设施环境，构建了全过程数据资产管理体系，搭建了勘探开发生产管理数字化平台，探索建立了勘探开发协同研究、油气生产、经营管理与综合办公新模式，建立信息化组织管理新体系，数字油田基本建成，为油田提质增效、高质量发展提供了重要支撑。

一、搭建高效安全的基础设施环境

在大港油田信息化建设与发展中，高度重视基础设施建设，一直以支撑主营业务为目标，创新驱动，技术引领，构建了有线无线一体化的全覆盖网络，复杂应用场景均能高效接入;建设了企业云化数据中心,搭建基础设施云,实现了数据中心资源的统一共享、高效管理及异地灾备,对业务系统提供平稳高效的运行环境;搭建了桌面云,对用户提供了便捷的办公桌面服务;网络安全形成制度化、专业化,保障了各类业务的有效开展(图1-3-1)。

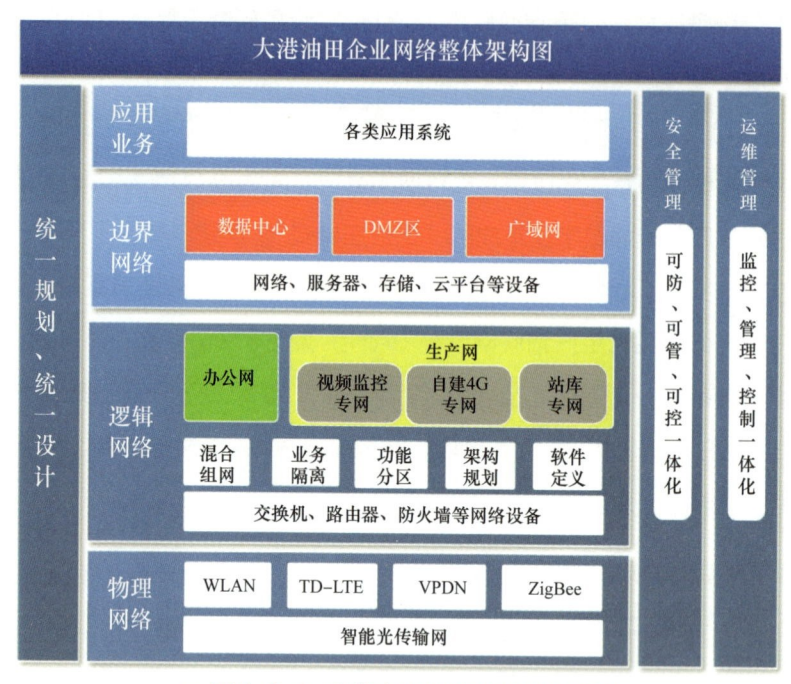

图1-3-1 大港油田企业网络整体架构图

1. 建立高速企业局域网,实现办公与生产业务全面覆盖

2001年大港油田基础网络规模建设。逐步建立以油田公司为核心层,二级单位为汇聚层,三级、四级单位为接入层的三级局域网络结构;实现了"油田公司—采油厂—作业区—基层班站—生产现场"网络纵深覆盖,构建了有线无线一体化技术体系,实现了大港油田公司办公、生产现场的全面覆盖。

依照油区生产单位分布的特点,企业办公网按照生产区域构建了五个核心节点,采用环形组网,实现动态路由保护,主干带宽实现双万兆链接,油区各单位节点实现就近接入,针对重点生产单位构建了双路由保护,汇聚节点共计142个。同时,建立了大港油田至中国石油总部广域网双链路,实现了企业广域网络高可靠互联。

按照油气生产物联网的建设要求，逐步摸索专用生产网络建设之路。自行建设了 4G 无线专网，实现了部分生产区域的无线覆盖，平稳承载 500 余口油水井的数据采集业务；以作业区、联合站为单元，建设了 18 个物理隔离的站库专网，实现了生产业务的安全隔离及数据的单向传输；构建油水井视频监控专网，光纤链路延伸至重点生产井场，实现了网络"最后一公里"全覆盖；组合多张专网形成了有线无线一体化的生产网络，安全高效地保障了生产业务的可靠落地。

2. 建立云化企业数据中心，实现数据 . 系统集中部署

大港油田建立了三个区域数据中心，总面积为 1026.2 平方米，共有机柜 303 个、物理服务器 400 余台、虚拟服务器 400 余台、存储设备 30 余套、网络及安全设备 40 余台，用于承载企业信息化业务。基于虚拟化技术，大港油田建设了基础设施云平台，构建了统一共享的网络、计算、存储资源池，实现了基础设施资源的统一管理、统一监控、统一运维；在此基础上，通过网络大二层、存储复制等技术的应用，实现了异地云资源的统一管理与容灾备份，形成了三个数据中心"物理分离、逻辑统一"的云化管理模式，大幅度提升运维管理效率，降低运营成本及能源消耗，对油田公司各类业务系统提供了平稳高效、绿色节能的运行环境，助力企业的信息化建设（图 1-3-2）。

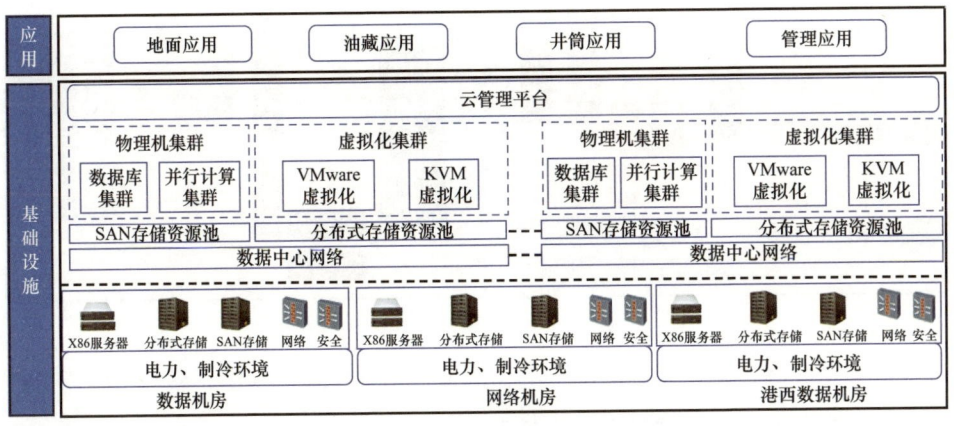

● 图 1-3-2 大港油田数据中心整体架构图

按照中国石油信息系统和服务器集中管理的要求，大港油田持续推进业务系统上云，取消二级机房 27 个，实现 130 余套核心信息系统及数据资源的集中管理。通过多年的实践，大港油田实现云计算技术在门户网站、医疗信息系统、碳排放权交易系统、三网融合支撑系统等场景成功应用，成为中国石油业务上云典型应用案例，且 2015 年基础设施云建设项目被天津市滨海新区经济和信息化委员会评为两化融合示范项目。

3. 建立网络安全防控体系，实现系统安全运行

网络安全和信息化是"一体之两翼、驱动之双轮"，大港油田严格按照中国石油网络安全相关要求开展工作，完成了企业局域网安全防护架构顶层设计，建成了矩阵式防御技术体系（图 1-3-3）；成立了网络安全运行中心，实现了专业化的管理，建立公司网络安全技术与管理保障机制。

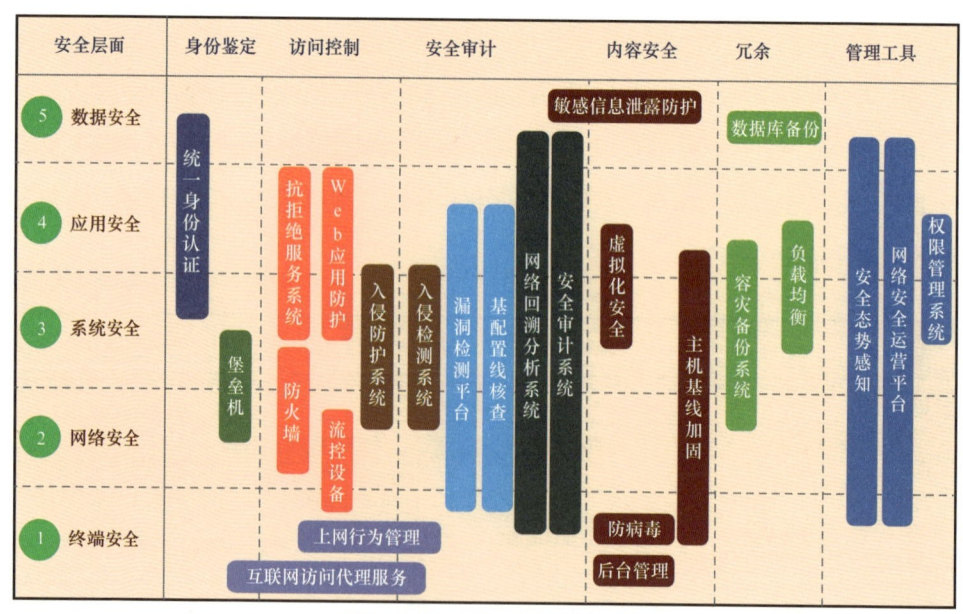

● 图 1-3-3　矩阵式防御技术体系

依照企业局域网安全防护架构的顶层设计，在终端、网络、系统、应用、数据等层面多维度持续开展建设与完善工作，形成了大港油田网络安全防护技术体

系。终端层面持续完善桌面安全管理系统，优化升级策略；安全网络结构进行分域优化，完善不同域之间的安全防护策略；实现对应用系统的重点保护和攻击流量的初步过滤；按照建设"安全白环境"的设计理念，形成了工控网络安全防护技术框架，制定了整体解决方案并持续开展建设工作，实现了工控主机的全覆盖防护；构建纵深防护的云数据中心，实现了公司应用系统的集中化部署。通过边界隔离、横向防护、访问控制、流量分析、数据备份等安全防护策略，严格限制对应用系统的访问行为。

改进网络安全管理方式，成立了网络安全运行中心，依托大港油田公司网络安全管理和态势感知分析平台，采取管理和技术相结合的方式，对企业内网、数据中心、广域网出口等关键区域进行了全时段、全资产运行状态的评估和监测，确保网络安全事件"第一时间发现、第一时间通报、第一时间解决"，形成风险分析、动态监测、通报处置的闭合管理；持续优化信息安全管理制度，严格考核，定期公示，实现了全员高度重视网络安全的良好氛围（图1-3-4）。

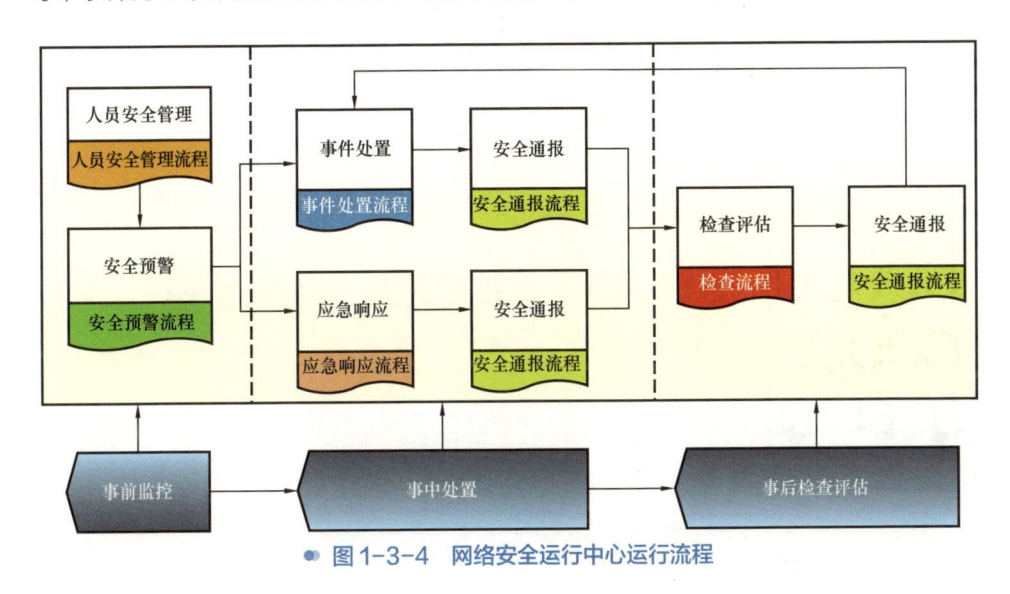

● 图1-3-4　网络安全运行中心运行流程

4. 建立桌面云应用平台，实现终端用户集中管控

为解决员工办公计算机运维管理效率低、维护成本高、安全管控难度大等问

题，大港油田建设了桌面云系统平台，针对日常办公应用场景进行推广应用。截至目前，发放用户桌面1860点，应用效果良好。

桌面云系统基于桌面虚拟化技术架构，构建了虚拟桌面资源池，结合业务场景制定了桌面模板，对用户提供办公桌面服务，实现了OA、合同、ERP、中油即时通信等办公应用系统的标准化部署，大幅度提升了用户桌面部署效率（图1-3-5）。

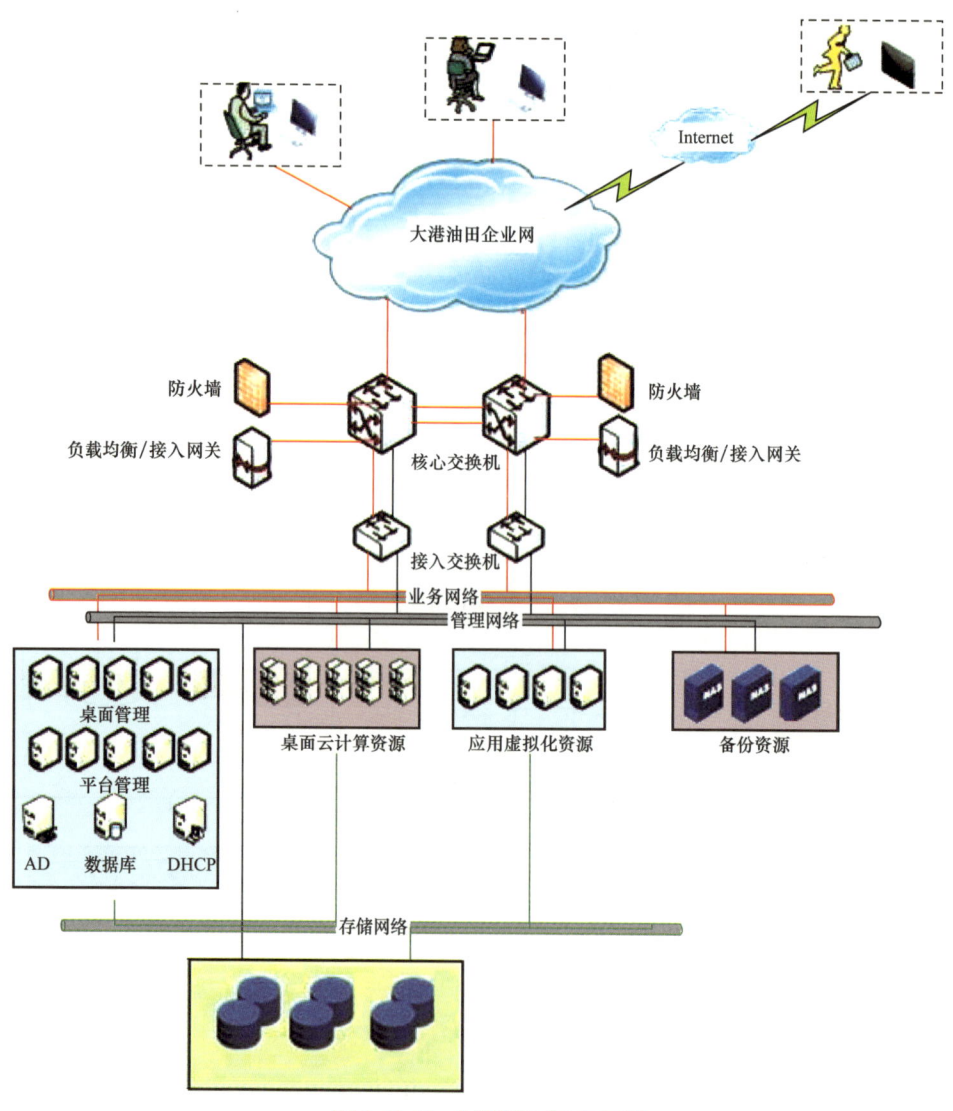

● 图1-3-5 大港油田桌面云系统

同时，用户桌面全部在后台集中管理，有效提升运维管理效率，能源消耗较传统模式降低 70% 以上；在此基础上，通过在数据中心 DMZ 区部署桌面云安全接入节点，实现桌面云系统基于互联网提供服务，支持用户通过笔记本电脑、智能手机、平板电脑等终端设备随时随地办公应用，进一步提升工作效率。

二、建立全过程数据资产管理体系

数据是企业的核心资产，质量是数据的生命。大港油田自 2000 年开始勘探开发信息化建设工作，重点开展历史资料电子化入库工作，利用近十年时间，先后完成了钻井、录井、测井、试油、分析化验、井下作业、动态监测等 11 个专业数据库建设，并将大港油田自 1964 年建厂以来的 1 万多口单井资料全部入库。为了保证数据的完整性，大港油田努力推动数据管理正常化工作，部署了完善的专业数据库系统，实现了基于源头的数据采集；开展跨专业数据集成，建立了基于 EPDM 模型的勘探开发中心数据库，形成了大港特色的 7M 数据管理理论体系；优化数据服务，实现了从业务数据、主数据到项目数据的全面服务。"十二五"期间，大港油田在进一步完善已有专业数据库系统的基础上，部署新井流程系统、成果数据采集系统，实现了上游主要专业数据的集成（图 1-3-6）。

1. 部署数据源头采集系统，勘探开发数据管理实现了正常化

以 A1 系统框架为基础，按照"夯实数据资源、突出抓好重点应用"的思路，部署数据源头采集系统，解决数据源问题。先后开发、部署了钻井、录井、测井、

> **小贴士**
>
> 7M 数据管理理论体系：大港油田在勘探开发数据管理过程中，逐步总结出的一套数据管理体系，其中包括数据采集管理、数据模型管理、数据质量管理、数据运行管理、数据服务管理、数据安全管理、文档管理七个部分。

图 1-3-6 数据管理架构图

试油、井下作业、化验、监测等多套数据管理系统，建立数据源单位、项目建设单位、信息中心三级质检体系，实现了专业数据基于数据源点的采集、传输、入库、发布。同时，在纸质资料归档流程中引入了五联单管理制度，规范纸质资料与电子资料归档入库流程，并采用 MD5 码技术，保证入库数据与纸质数据的一致性，为勘探开发研究提供全面的信息技术支撑（图 1-3-7）。

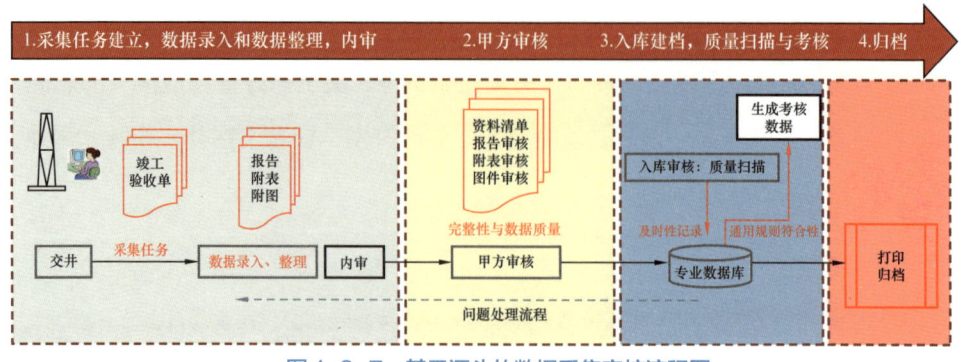

图 1-3-7 基于源头的数据采集审核流程图

1）建成物探基础数据库

自2003年起逐步建立物探基础数据库，包括采集项目数据、处理项目数据、成果项目及VSP测井等数据，并实现新采集数据归档、质控、发布（图1-3-8）。同时，依托该系统完成所有数据标准化整理入库。截至2018年底，共完成原始采集二维地震97个区块、测线数3420条、数据量1080GB，原始采集三维110个区块、数据量97519GB；处理成果二维地震51个区块、数据量72GB，处理成果三维181个区块、数据量18623GB，VSP井153口、数据量218GB，以及2块高精度重磁勘探数据入库。

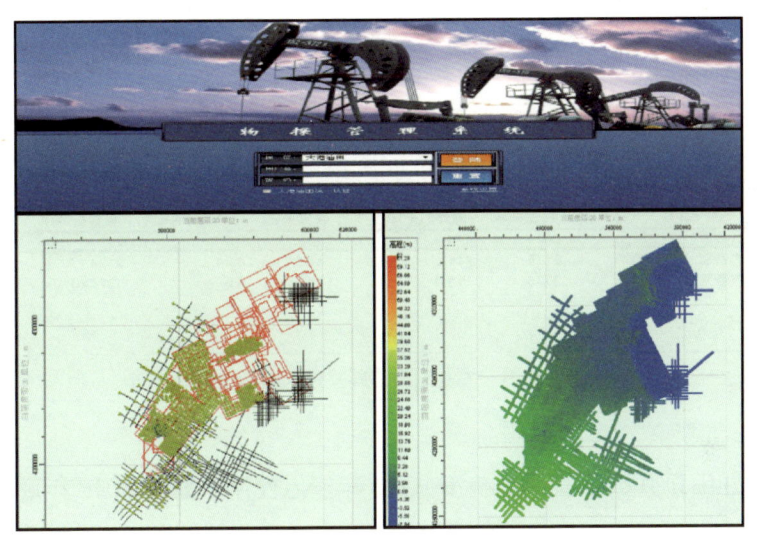

● 图1-3-8　物探基础数据库界面

2）建立钻井数据管理系统

大港油田钻井井史数据管理系统2010年投入使用，截至2018年底累计入库13724口井。钻井数据采集部署在钻井现场，钻井技术人员完成钻井日报及钻井井史数据采集后，通过系统生成符合归档模式钻井井史，经过钻井公司内部审核、建设单位审核，油田公司钻井业务技术负责部门三级审核后，归档入库。系统除了常规井史数据录入功能外，还提供井轨迹图、井身结构图、井口装置图等各类图件的数据成图。同时，系统还对井史审核过程中出现的问题进行分类统计，为钻井数据精细化管理提供依据（图1-3-9）。

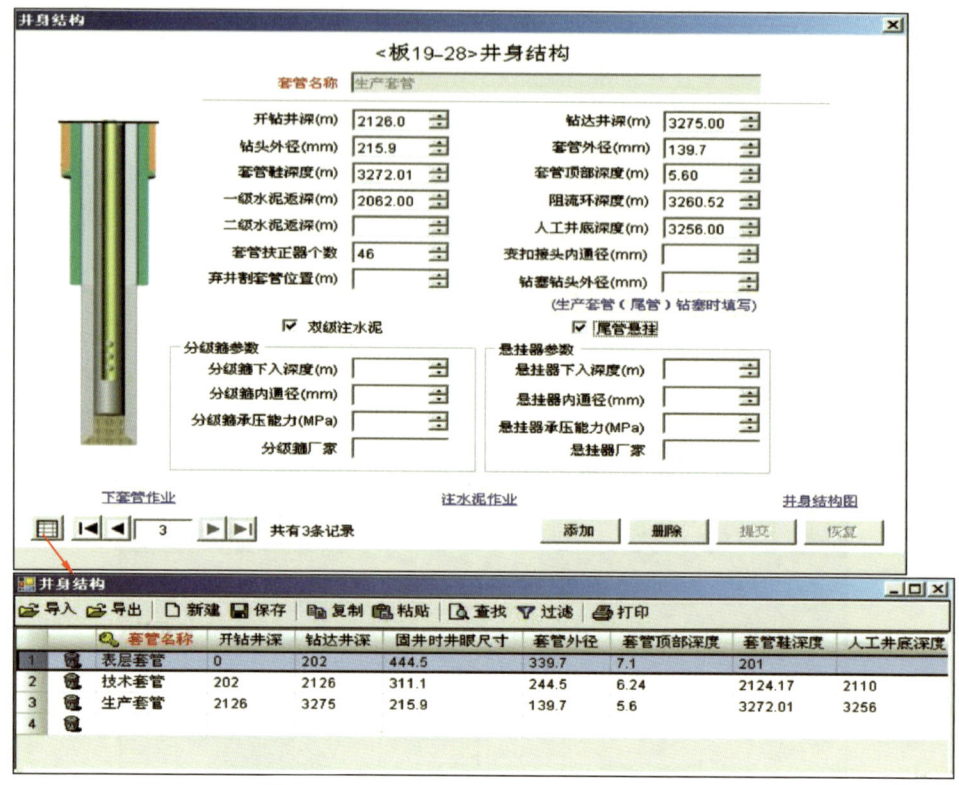

● 图1-3-9　大港油田钻井井史数据管理系统界面

3）建立录井专业数据管理系统

大港油田录井数据管理系统于2003年投入使用，截至2018年底累计入库13610口井，管理录井完井各类资料，是目前地质研究人员使用率最高的专业数据库。录井数据由录井施工单位负责录入，经过施工单位审核后提交至项目建设单位，最终由信息中心归档入库。系统在支持现场人工剖面绘制的同时，严格依照中国石油录井数据采集标准，生成各种符合标准的录井完井报表及归档录井图件，同时提供了符合业务需求的录井资料清单，便于用户查找所需资料（图1-3-10）。

4）建立测井专业数据管理系统

大港油田测井系统于2004年投入使用，截至2018年底累计入库13213口井。测井数据由测井施工单位在解释工作完成后进行数据导入，提交到项目建设单位进行审核。系统具备对主要测井数据处理平台生成的绘图文件格式解析功能，实现了测井资料一键快速加载，减少数据加载人员工作量。同时，采用一图一模板方式，满足用户快速、精准成图需求。除了常规测井曲线外，系统还提供了核磁、成像等特殊测井图形展示功能，满足研究人员对不同类型测井图件查看需求（图1-3-11）。

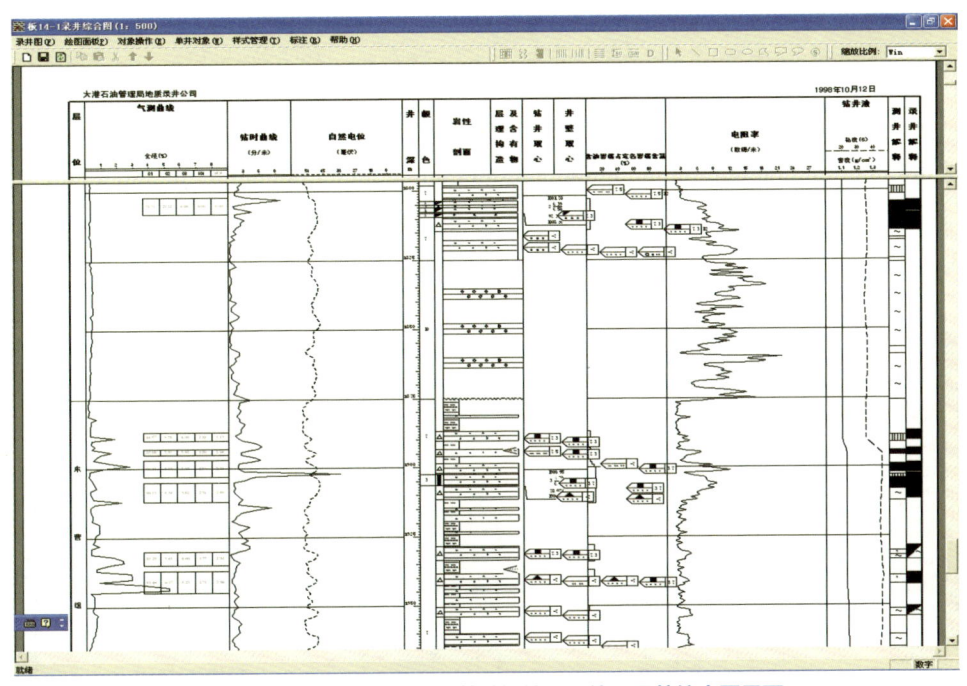

● 图1-3-10　大港油田录井数据管理系统—录井综合图界面

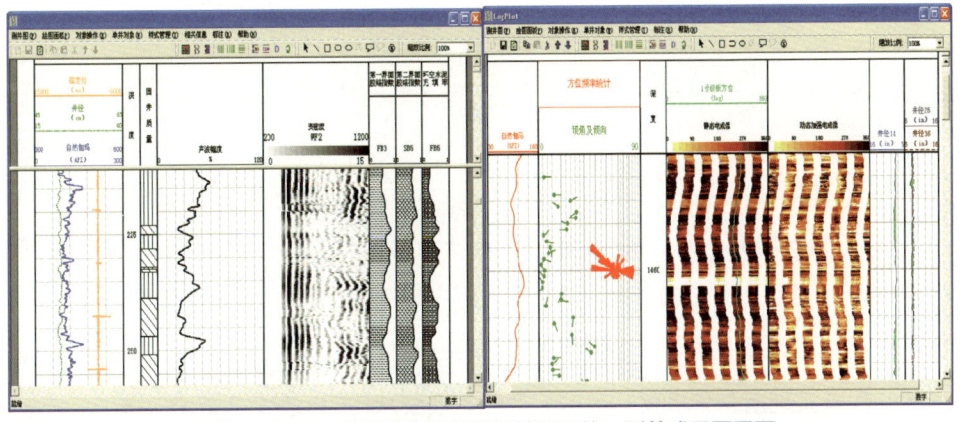

● 图1-3-11　大港油田测井数据管理系统—测井成果图界面

5）部署井下作业数据管理系统

大港油田井下作业数据管理系统于 2010 年投入使用，截至 2018 年底累计入库试油数据 11012 口井，19245 井次；酸化数据 901 口井，1142 井次；压裂数据 1624 口井，2451 井次；修井数据 7583 口井，27364 井次。系统部署在作业施工现场，由施工单位技术人员录入，经过三级质检后由信息中心归档发布。为了满足井场数据传输需求，系统采用数据压缩传输机制，提高数据传输速度，系统提供大量管柱图绘制元件，同时也支持自定义元件，通过编辑和组合基本元件，用户能够快速完成管柱图的绘制，大大提高了井下作业施工总结编制效率。施工单位通过录入数据自动生成 Word 归档报告，保证了入库数据与纸质归档报告的一致性（图 1-3-12）。

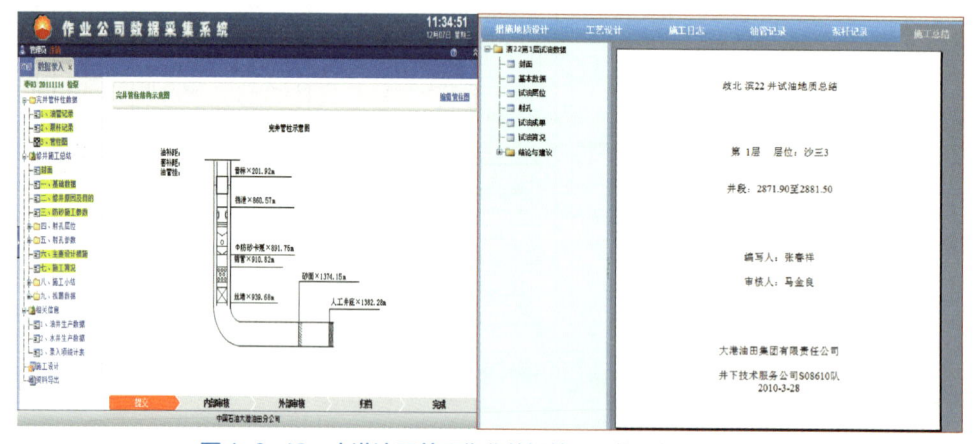

● 图 1-3-12　大港油田井下作业数据管理系统—管柱示意图界面

6）实现分析化验数据全流程管理

大港油田分析化验数据管理系统于 2013 年投入使用，截至 2018 年底共管理 13 大类化验数据 9452 口井，48215 井次。系统从取样、送样、化验、归档四个方面对实物地质资料进行闭环管理。系统基于 VSTO 技术开发，满足内样、外样等各种分析项目及报告的数据采集。采用行列并行存储技术，实时恢复表样数据。针对分析化验数据的特点，设计了 ADM（Analytical Data Model）模型，通过简单的配置实现所有分析化验数据的存储。模型从功能上分为三个逻辑层次，分别为存储层、支持层、业务层，实现了对数据及分化验业务的完全支持。实现各种分析检测报告（包括各种复杂报告如薄片鉴定、古生物鉴定报告、图表等）的自动生成、自动提交，通过三级审核保证数据和检测报告的完全一致（图1-3-13）。

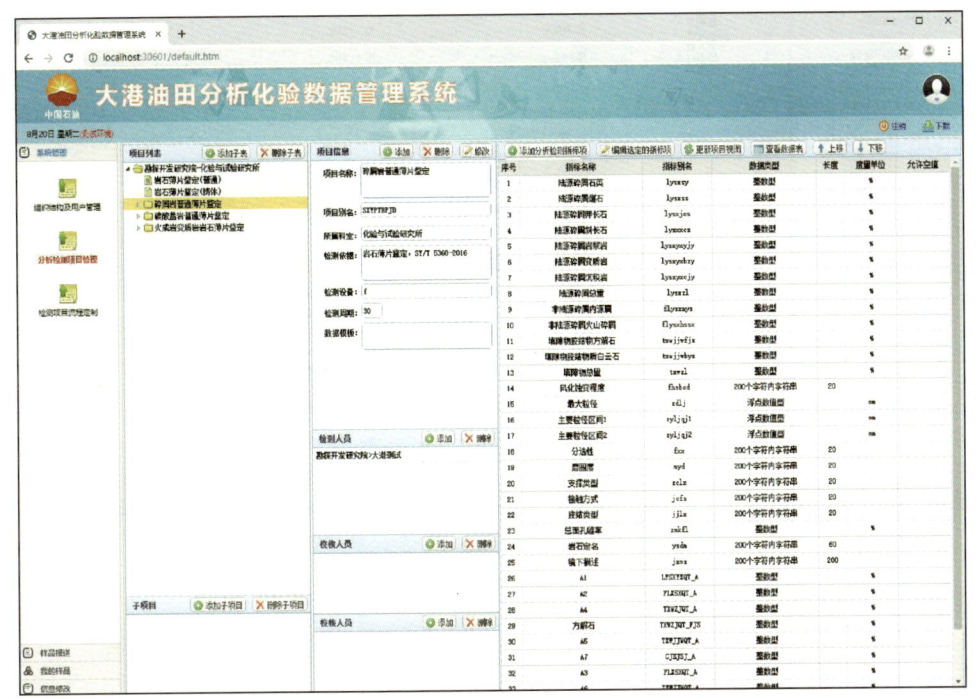

● 图1-3-13 大港油田分析化验数据管理系统—碎屑岩薄片鉴定界面

7）实现动态监测资料全过程管理

大港油田为实现动态监测数据的有效管理，支撑油田开发生产过程的实时动态分析，自2005开始全面启动动态监测信息管理与应用系统的建设，建立的集油气藏开发生产测试和开发动态信息的网络化工作平台，是大港油田唯一的集动态监测资料原始数据、解释成果、成果图形、历年动态资料对比分析为一体的综合性管理平台（图1-3-14）。

目前，该系统采集模块根据业务分类分为试井、测井、井间监测及其他四大类，共有42个采集录入模块，基本涵盖了大港油田目前所进行的动态监测项目，至今共录入各类动态资料8万余井次，达1000GB。经过多年的升级完善，已经实现了现场动态监测数据的实时回传、在线解释等功能，有效支撑了油藏开发及动态分析等各类业务的开展需要。

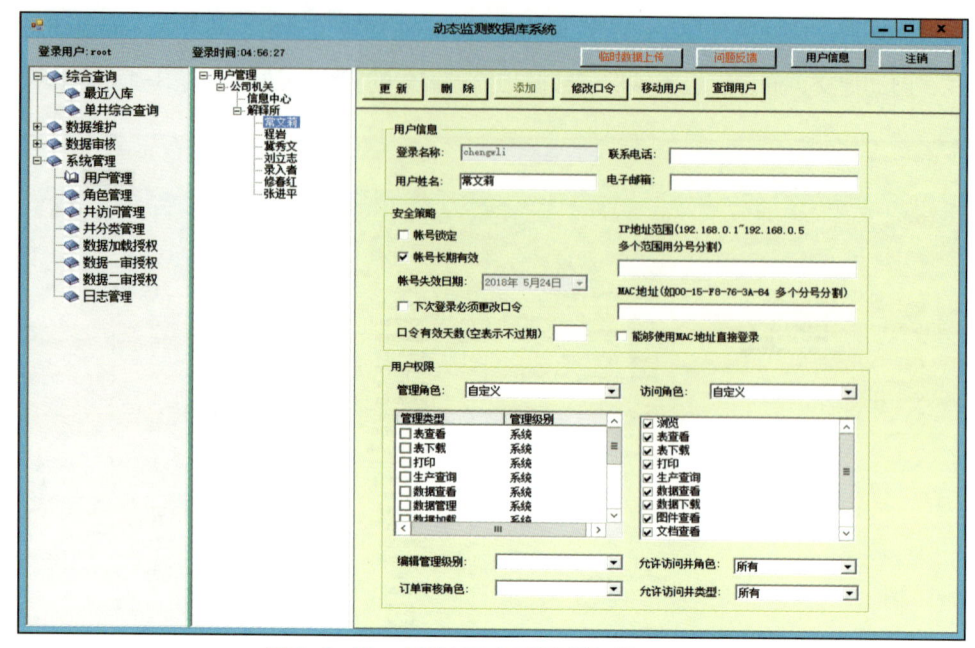

● 图 1-3-14　大港油田动态监测数据管理系统界面

8）实现油水井生产数据完整管理

以中国石油上游板块统推的油气水井生产数据管理系统（A2）为基础，结合大港油田上游生产信息管理系统，实现了大港油田 12000 余口油气水井生产数据的全面管理，涉及单井、区块、开发单元基础信息及油水井、区块、单位生产日、月、年报等数据，经过多年的数据梳理及校核，形成了一系列数据质检机制及工具，实现了大港油田自 1999 年以来所有油气水井生产数据的有效管理，数据量达 314GB，为大港油田各类相关信息系统提供了完整、准确的单井基础信息及油气水井生产信息（图 1-3-15）。

大港油田为全面提高油气水井生产数据采集效率，利用油气水井物联网基本覆盖的有利条件，率先在中国石油各地区公司实现了油水井实时数据与 A2 系统的直接对接，极大减轻了一线员工数据采集的工作压力，提高了油气水井生产数据实时掌控能力。

9）实现了采油气工艺与地面数据的集成应用

以中国石油上游板块统推的采油与地面工程运行管理系统（A5）为基础，涵

图 1-3-15　大港油田油气水井生产数据管理系统界面

盖大港油田各类井 8154 余口，井场数 3025 座，各类管道累计 6000 余千米，场站 193 座，主要设备 1194 余台，各系统生产数据 14 万余条，数据覆盖率达 95% 以上。为推动采油气工艺与地面数据深化应用，更好支撑油田公司个性化工作开展，大港油田开展 A5 系统本地化环境建设，实现了 A5 系统关键数据的本地化存储，为作业区生产管理系统、管道与站场完整性管理系统、站库安全预警系统、数智决策中心等系统提供了重要的数据支撑，保证了油田相关自建系统的高效运行（图 1-3-16）。

随着三次采油业务的蓬勃发展，大港油田积极开展三次采油数据库的建设工作，实现了三次采油业务从立项、实验、实施、跟踪、评价全过程的数据管理，同时针对二氧化碳驱、聚合物驱等不同类型的驱油体系构建了相关的数据采集标准及规范，有效支撑了大港油田三次采油业务的高效发展。

10）实现井站数据动态采集

在 A2 系统、A5 系统实现井、管道等静态数据采集的基础上，依托实时数据库、时序数据库实现了井、站动态数据采集。

实时数据库：2017 年，作为 A11 系统推广单位之一，大港油田遵照中国石

时间	内容	总生产井数		油井类型							
		井数/口	井场数/座	自喷井/口	抽油机井/口	电泵井/口	螺杆泵/口	提捞井/口	气举井/口	其他井/口	小计/口
2020年	上年底数据	332	107	45	202	74	11	0	0	0	332
	本年核减	5	0	0	0	4	1	0	0	0	5
	本年新建	25	0	6	18	0	0	0	0	1	25
	年底现状	352	107	51	220	70	10	0	0	1	352
2020年	上年底数据	346	234	16	262	19	48	0	0	1	346
	本年核减	24	0	1	13	0	9	0	0	1	24
	本年新建	64	4	1	40	5	18	0	0	0	64
	年底现状	386	238	16	289	24	57	0	0	0	386
	上年底数据	782	732	12	684	11	60	0	0	15	782

● 图 1-3-16　大港油田采油气工艺与地面数据管理系统界面

油安排统一部署了 PHD 3.0。该数据库能较好地解决面向业务的数据采集，数据源头采集及可视化问题。目前，实时数据库主要应用在 A11 系统项目建设的四个大型站库、19 个中小站库，总采集点位达到 1.9 万余点，历史数据量超过 350GB。

时序数据库：鉴于传统 PHD 实时数据库并不支持油水井生产数据中的示功图、电流图等数据的存储，面向油气采集过程，大港油田开始尝试采用读写效率更高、灵活性更强的时序数据库，以集群方式部署，使得油水井的数据吞吐效率成倍提升，实现了单套系统稳定支持上千口油水井生产数据的集中接入、解析、存储和展示。目前，时序数据库已接收 8600 余口井数据，抽油井日数据量达 33.2 万余条，其他井型数据量达 12.6 万余条，数据总量超过 10 亿余条（图 1-3-17）。

11）实现空间数据库有效建立及应用功能

大港油田从 2004 年开始全面进行空间数据库建设，统一规划设计空间数据库模型，经过多年不断丰富完善，形成了以 ORACLE+ArcSDE 空间数据引擎的空间数据库，涵盖勘探开发、地面工程、电力生产、通信保障、应急管理、土地管理等业务。大港通过自行部署大地坐标控制网，利用手持 GPS 设备，实现了大港矿权范围内空间数据的有效采集，随着北斗卫星定位系统的全面推广及应用，目前正在全面构建基于北斗卫星定位的坐标采集及数据入库机制（图 1-3-18）。

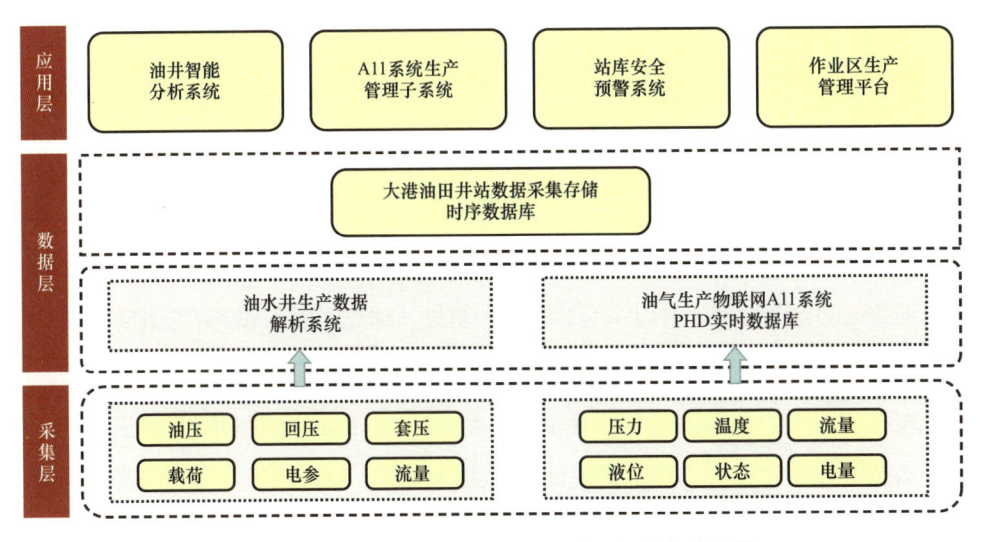

图 1-3-17　大港油田油气生产物联网数据流程图

图 1-3-18　大港油田地理信息系统界面

大港油田空间数据库的建立，实现了油田空间数据的统一管理和共享应用，提高了空间数据的准确性、安全性、共享性，同时基于 ArcGIS 平台实现了各类空间数据发布与共享，形成了矿权、工区、地质单元、井、管道、站库、进井路、电力线路、光缆埋深、重点危险源、视频杆、高后果区等相关的空间图层，为各类相关信息系统提供了基础的地理信息服务。

2. 建立基于 EPDM 模型的中心库，实现勘探开发数据资产化管理

数据集成是企业信息集成的基础。2012 年，大港油田开展了以 EPDM 模型为基础的中心数据库建设，先后集成了地震辅助信息、单井设计、钻井、录井、测井、试油、井下作业、分析化验及 A2 系统等专业库，实现了勘探开发主要专业数据集成与资产化管理。同时开发了中心数据库管理系统，实现中心数据库从系统、模型到数据的全面管理，并以中心数据库为基础，建立了面向服务的应用架构，为用户、系统提供综合的数据服务及应用。

大港油田中心数据库模型采用 EPDM 框架，并结合大港油田实际进行客户化，增加单井设计部分，对单井设计中的坐标信息、轨迹信息、管柱信息进行管理；补充录井图数据、完井信息内容；对测井曲线存储进行改进，即存储曲线数据，也存储 WIS 原始文件。现中心数据库模型包含 13 个专业包、1193 张表、29285 个字段，形成 DGEPDM 数据模型，全面覆盖了现有的专业数据库系统。

为了增加模型的易读性、易用性，新的模型设计对包、表、视图、字段、域、代码的命名进行了全面规范，并形成了大港油田勘探开发主库模型设计规范。

3. 建立勘探开发数据服务体系，全面支撑勘探开发业务应用

针对 EPDM 模型实体关系复杂，数据调用编程工作量大；传统的数据库账号方式影响数据安全；老系统兼容困难（原来基于专业库、PCDM97 的应用）等应用问题，大港油田创新开发，建立了以中心数据库为基础的数据服务体系。

以 EPDM 模型中心数据库为基础，应用视图技术开展应用层建设，参考 PC2003、PC1997 外模型，创建了 617 个应用层视图，来满足数据查询应用需求，同时兼容老系统应用。

利用 Web Service 定制技术，实现 SQL 语句到 Web 服务接口的自动转换，数据库管理员能够快速定制 Web 服务接口（图 1-3-19）。Web 服务接口快速定制技术，圆满地解决了基于 EPDM 模型勘探开发主库"个性化"数据应用需求，在拓宽勘探开发主库应用范围的同时提高了中心数据库的安全性。目前，已有 53 套应用系统使用中心数据库数据服务，进行数据交互。

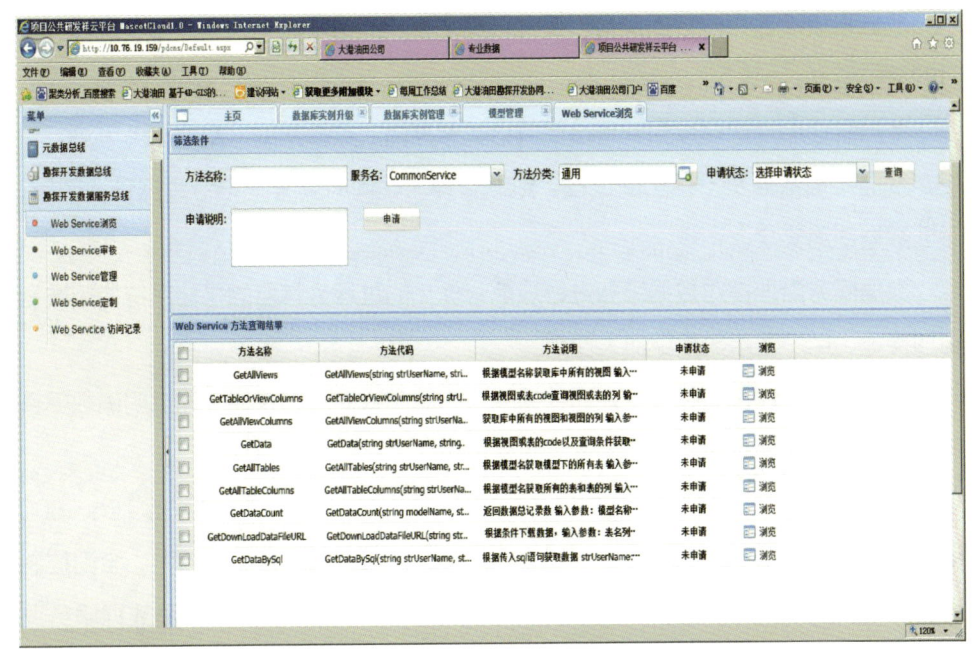

● 图 1-3-19 Web Service 服务管理界面

4. 开展数据治理工作，有效提升数据资产质量

自 2015 年开始，基于前期数据建设取得的成果，面对数据应用过程中出现的问题，大港油田从数据采集、数据管理、数据服务、数据机制四个方面，有针对性地开展数据治理工作。大港油田数据治理总体架构如图 1-3-20 所示。

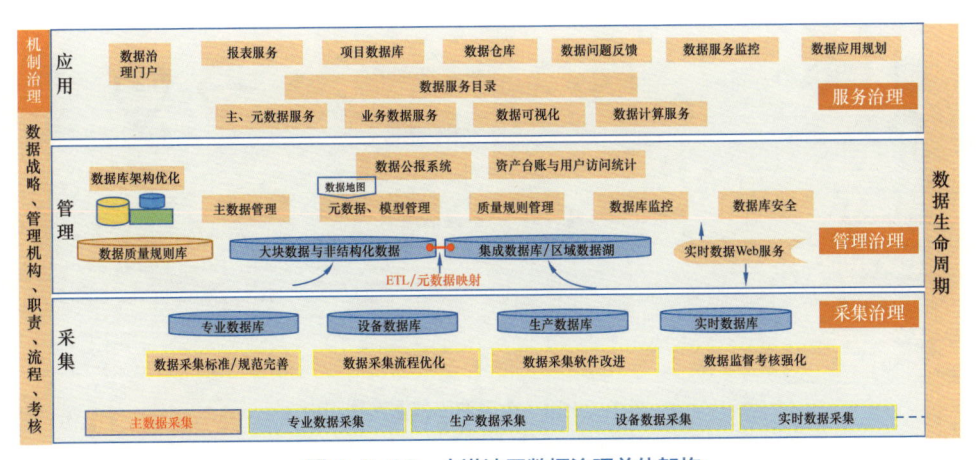

● 图 1-3-20 大港油田数据治理总体架构

— 25 —

大港智能油气田

数据采集治理指对数据采集过程进行优化，从而保证数据采集完整、准确、及时的管控活动。

数据管理治理指对数据管理过程包括数据存储、数据集成、数据服务等进行管控，从而实现数据资产优化的过程。数据管理治理同时要考虑符合数据管理政策，保证数据使用安全。

数据服务治理指对数据服务进行规范、优化的过程，其目的是让系统使用数据更加便捷、用户使用数据更加人性化。

数据机制治理包括建立分公司数据战略、健全数据组织管理架构、明确数据管理责任、优化数据管理流程及完善数据考核。

通过深入研究业务规律，建立包含单调性、数据对比、正则表达式等十类，800多条质检规则的质量规则库，应用到数据采集、审核、集成各个环节中，全面控制数据质量；建立覆盖数据采集监控、数据集成监督、数据考核公报及数据服务监控的治理门户，发布数据运行日报，对数据入库情况进行监督管理（图1-3-21）。经过数据治理工作的开展，2010—2018年，数据入库齐全率从90%提高到100%，准确率从83%提高到96%，为数据湖建设奠定坚实基础。

图1-3-21 大港油田数据治理门户

第一章　数字化建设成果

三　初步建立勘探开发协同研究新模式

1. 建立勘探开发研究云环境，实现软硬件一体化服务

勘探开发研究工作是油田企业进行勘探开发生产活动的基础，包括勘探部署、油藏评价、开发方案、工程设计等诸多领域；整个过程应用了大量专业软件，如地震解释、测井解释、地质建模、数值模型、钻井工程设计等软件。这些软件价值昂贵，对计算资源的性能与规模要求较高，大部分需要配备高性能图形工作站（图1-3-22）。在传统的应用管理模式中，专业软件的应用普遍采用分散的单机模式或松散的集中模式，因此会造成硬件资源利用率不高、大型专业许可无法共享、维护管理任务繁重、研究成果缺乏共享、多学科协同无法实现、高性能计算无法实现等问题。

大港油田勘探开发研究云

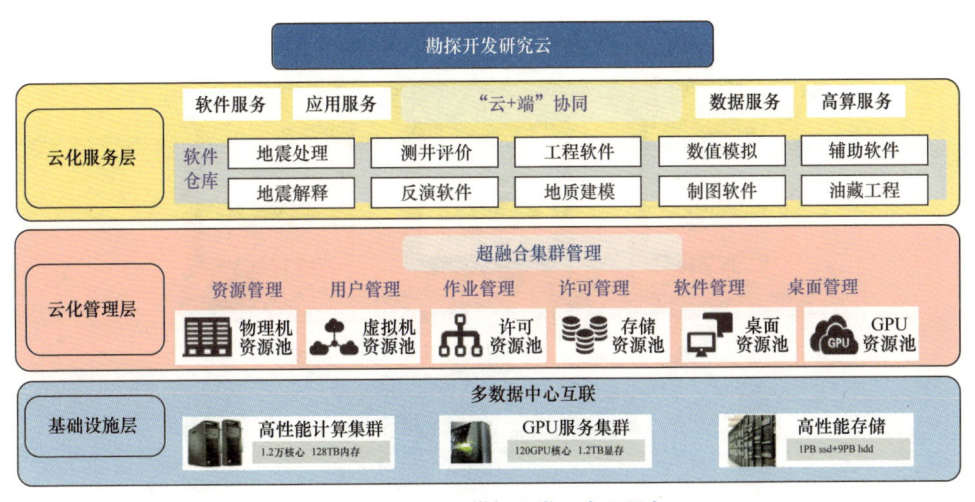

● 图1-3-22　勘探开发研究云平台

大港油田针对上述问题，在集群作业管理、协同应用、许可共享、运维管理等方面先后开展技术攻关，设计研发24个功能点，完成勘探开发研究云环境建设（图1-3-23）。

— 27 —

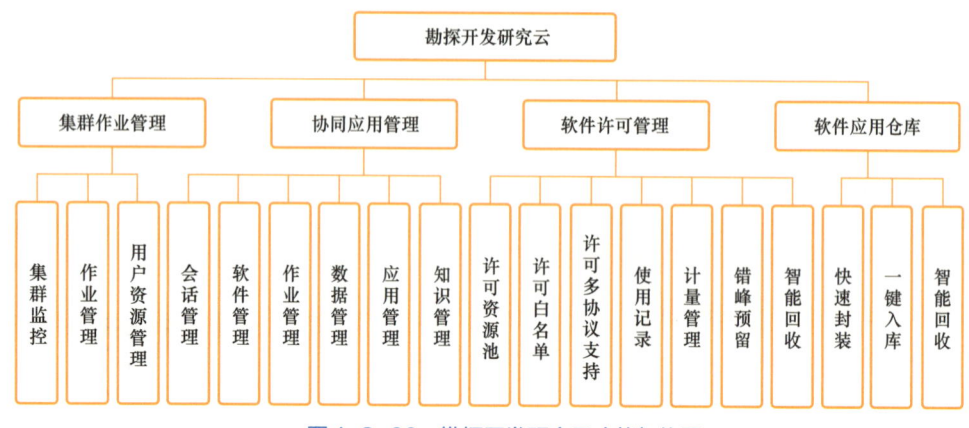

● 图 1-3-23　勘探开发研究云功能架构图

1）超融合复杂异构集群管理

随着油气藏研究精度不断提升，高性能计算需求越来越大，同时油气藏研究已从单一的高性能计算需求升级到对高性能计算、图形渲染、大数据分析与人工智能等综合计算能力的依赖。如何在现有集群条件下通过对集群管理、作业调度等功能进行升级完善，提升作业计算速度与资源利用效率，满足多种计算任务需要，成为石油行业研究计算集群建设的新需求（图 1-3-24）。

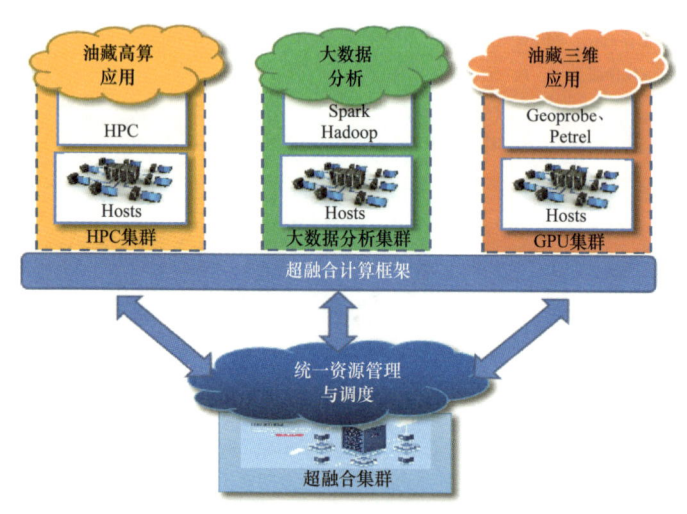

● 图 1-3-24　勘探开发研究云超融合框架

大港油田采用多线程调度服务架构，研发插件式调度框架，创新形成超融合调度管理技术，建立了勘探开发协同研究云超融合集群。该集群支持 Linux、

Windows 和 Unix 等多种混合系统架构，还兼容 LSF、PBS 等多种开源调度系统，实现了物理服务器、虚拟机、容器和 GPU 等多种云化资源的统一管理，有效支撑高性能计算任务、可视化渲染任务及大数据分析任务。同时具备集群智能负载、智能调度、智能管理和统一服务能力，实现了高性能计算、可视化渲染等研究资源的统一调度与管理，硬件资源综合利用率提高到 50%。

> **小贴士**
>
> 复杂异构集群：不同系统版本、计算资源、作业调度系统所组成的混合集群。勘探开发研究软件复杂多样，平台与系统版本各不相同，有 Linux、Windows、Solaris 等。不同软件对计算资源需求各异，有物理机、虚拟机、计算密集型（CPU）及图形密集型（GPU）；同时针对高性能计算软件，不同软件采用的作业调度系统也不一样，如 GJSF、LSF 等。

2）专业软件"云端"远程可视化应用

在传统松散的软件集中模式中，用户需要通过多种远程工具来满足不同系统、不同计算资源下的软件调用需求，如通过命令行工具进行作业发布、通过 VNC 等可视化工具进行软件桌面调用、通过 RDP 进行 Windows 系统软件调用，多种远程调用工具的应用给运维管理及用户体验带来了极大的不便。同时，由于没有统一的数据存储端及上传下载工具，存储在用户设备上的研究与成果数据不仅存在信息安全问题，还会因数据上传下载工作量大耗费时间。这些现状使勘探开发研究环境面临维护成本高、研究效率低等问题，且无法保障数据安全、维持高质量的用户使用体验，使协同研究的实现面临着巨大挑战。

勘探开发研究云将云化软件、云端数据、多种可视化协议与本地研究桌面深度融合，创新油气藏研究人机交互模式，研发"云端融合的微客户端"，实现了油气藏研究环境与用户本机桌面无缝集成，通过软件自动推送、数据自动关联、磁盘自动挂载、软件会话一键调用等功能，实现云化专业软件及研究数据的无感知应用，极大提升用户的使用体验（图 1-3-25）。

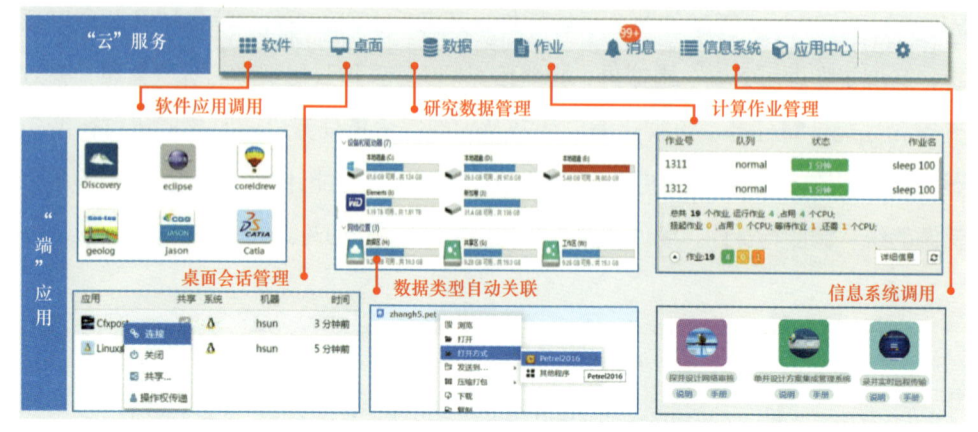

● 图 1-3-25　微客户端功能示意图

> **小贴士**
>
> 云端融合：将勘探开发研究云提供的软件、数据与用户本地计算机系统桌面集成，用户无须登录系统Web服务页面或打开客户端窗口，便可直接通过系统桌面图标等方式，快速调用相关资源；无须改变传统调用习惯，大幅提升便利性。

3）专业软件许可集中共享

勘探开发专业软件购置价格昂贵，作为软件资产是企业资产的重要组成部分，软件资产管理的核心是软件许可证的管理问题，包括分析软件许可的使用情况、提升软件许可的使用效率等（图1-3-26）。

针对专业软件许可管理手段有限、软件利用率不均衡等问题，大港油田在勘探开发研究云建设过程中形成大型专业软件许可共享管理技术，从2005年开始逐步实现了许可证集中监控、管理和调度，具有多类型许可证统一监控、报表分析、许可证调度、授权管理等功能，为勘探开发研究用户、系统管理员提供专业可靠的浮动许可管理和数据支撑。目前，大港油田已有超过50余款国内外专业软件实现集中管理和共享应用。

4）专业软件智能管理与快速部署

大型石油专业软件复杂多样、架构不一，导致云化管理、自动化部署困难，需

第一章　数字化建设成果

● 图 1-3-26　专业软件许可集中共享技术功能图

要大量重复的人工操作来安装部署，导致软件上线发布效率低下，同时不同专业软件对系统编译库、运行库、环境变量等运行环境的要求并不统一，集中安装容易造成环境交叉依赖及不兼容情况的发生。以上情况都会给运维管理人员带来极大困扰。

针对上述问题，大港油田通过开展软件仓库智能管理技术研究，在软件管理中创新应用容器技术与虚拟磁盘技术，在勘探开发研究云中构建专业软件应用仓库模块，解决了油气藏软件安装难、环境部署慢、申请周期长等难题，实现了专业软件快速封装、自动入库与一键分发，勘探开发专业软件部署发布时间由 3～5 小时缩短至 5～10 分钟，研究环境构建效率提升 20 倍以上（图 1-3-27）。

● 图 1-3-27　专业软件应用仓库工作流程图

— 31 —

大港智能油气田

勘探开发研究云平台已集成部署了120余台高性能服务器，1.6PB存储及40余款专业软件，现有各类研究工区数量超过800个；支撑业务涵盖地质研究、地震解释、测井评价、储层反演、地质建模、数值模拟、钻井设计、工业制图等油田勘探开发主要业务流程，可支持600个的勘探开发科研用户同时开展研究工作。勘探开发研究云平台先后在大港油田研究院、采油厂等10多家科研生产单位投入实际应用，完全取代了传统的单机工作模式，油藏模拟达亿级网格水平，模拟效率提高10倍以上，项目研究环境准备时间缩短30%，大幅提高了勘探开发研究效率和水平。

经过近十年的建设与应用，勘探开发研究云平台已成为行业内软件种类最丰富、业务范围最广的综合研究支撑平台，具有运行能力强、部署速度快、软件类型全、支撑业务广、用户体验好等特点，有效提升软硬件资源利用率，节约软硬件购置成本，经济效益显著，实现了勘探开发专业软件应用管理由"单兵作战"向"集群共享"模式的转变。

> **小贴士**
>
> 单兵作战：用户通过个人电脑调用本机软件及数据的传统软件应用模式。
> 集群共享：基于云计算技术，用户远程调用云化共享软件、数据及相关资源的应用模式。

2. 搭建项目库综合管理平台，提供全过程项目数据服务

勘探开发研究涉及数据范围广、类型多、数据量大，包括地震数据、钻录测试井筒数据、分析化验数据、油气水井生产数据、井下作业数据等，这些数据分布在不同的数据库系统中。同时，不同专业软件对数据要求繁杂，故在传统的研究工作中，数据准备工作烦琐，且项目数据不统一，协同研究难以实现。大港油田在"十三五"期间，研发了业内首款一体化项目库综合管理平台，形成了覆盖项目数据全生命周期的数据管理技术，为研究人员建立了专有的项目数据管理环境，是传

统企业数据资产管理向应用环节的延伸，强化了数据的应用管理，有效支撑了勘探开发研究工作。

1）系统设计

项目库综合管理平台是在对各专业数据库系统进行集成的基础之上，建立的面向研究人员的一体化项目数据管理环境。平台分为三层架构，数据层、集成层和应用层。数据层是数据源头，集成层通过配置文件+数据映射完成各种专业数据的抽提，应用层包括工区管理、数据管理、数据预处理、数据服务、系统管理等功能（图1-3-28）。

● 图1-3-28 项目库综合管理平台总体架构

2）主体功能

项目库综合管理平台覆盖地震、钻录测试、油气生产、分析化验、工程工艺等专业数据，贯穿数据搜集、整理、对比、统计、预处理到专业软件服务的全流程管理，规范了项目数据管理过程，提供了包括自动化数据统计、数据可视化分析、高效测井数据标准化及快速专业软件数据定制服务等多种数据管理手段。

（1）井工区快速创建。

结合地理信息系统（GIS），为研究人员提供工区快速创建、管理功能，实现了基于GIS工区选井、数据批量导入。当用户创建工区时，通过GIS底图上选择工区范围，即可从中心数据库、专业数据库系统抽取相关数据，创建指定范围的数据集，大幅减少用户数据搜集整理时间（图1-3-29）。

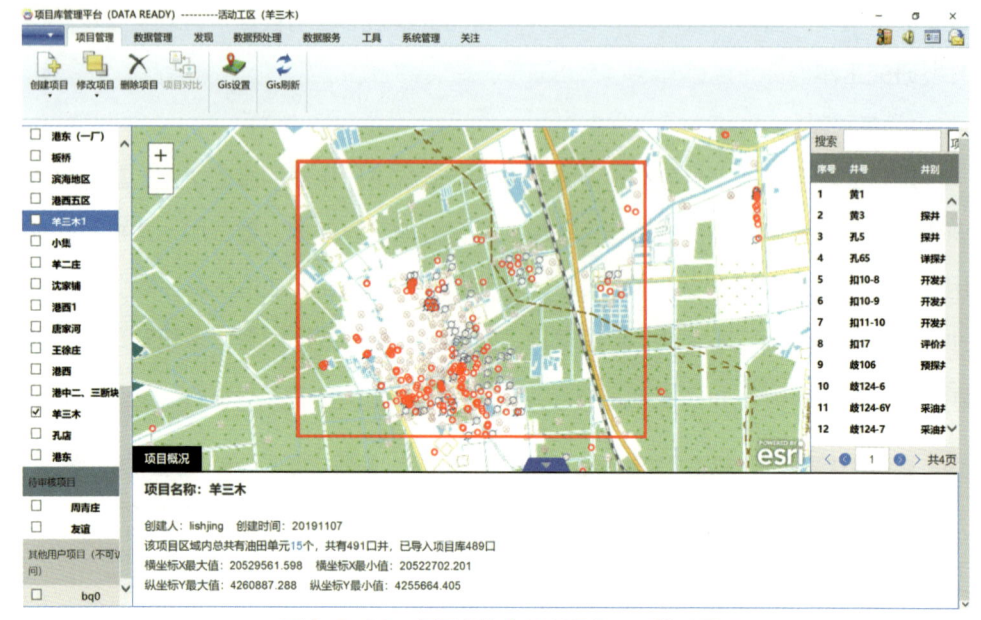

● 图1-3-29 项目库综合管理平台工区管理界面

（2）项目数据管理。

项目库综合管理平台面向地震解释、地质建模等专项研究及综合研究项目，提供集数据搜集、整理、对比、预处理、统计及软件数据服务等多种项目数据管理功能，规范了项目数据管理过程，避免了项目数据重复建设。在项目数据管理环境中，用户可以高效检索企业数据，同时允许用户修改完善数据，添加自己的本地数据，并提供有效手段对多版本数据进行对比和管理。分层数据是数据管理模块的关键，基于项目数据综合管理平台，可以根据分层数据快速开展岩心、岩屑、试油等各种地质统计（图1-3-30）。同时系统具有丰富的可视化功能，可按用户定制的模板显示测井图、录井图等功能，还可根据用户整理的分层数据、岩性数据、物性数据等制作相关的等值线图。

（3）测井数据预处理。

测井数据预处理提供包括测井曲线解编、曲线拼接及测井数据标准化工具，可对多次完井测井的曲线进行标准化整理及曲线拼接，为精细油藏描述和地质研究提供规范实用的测井数据（图1-3-31）。

第一章　数字化建设成果

● 图1-3-30　项目库综合管理平台数据管理界面

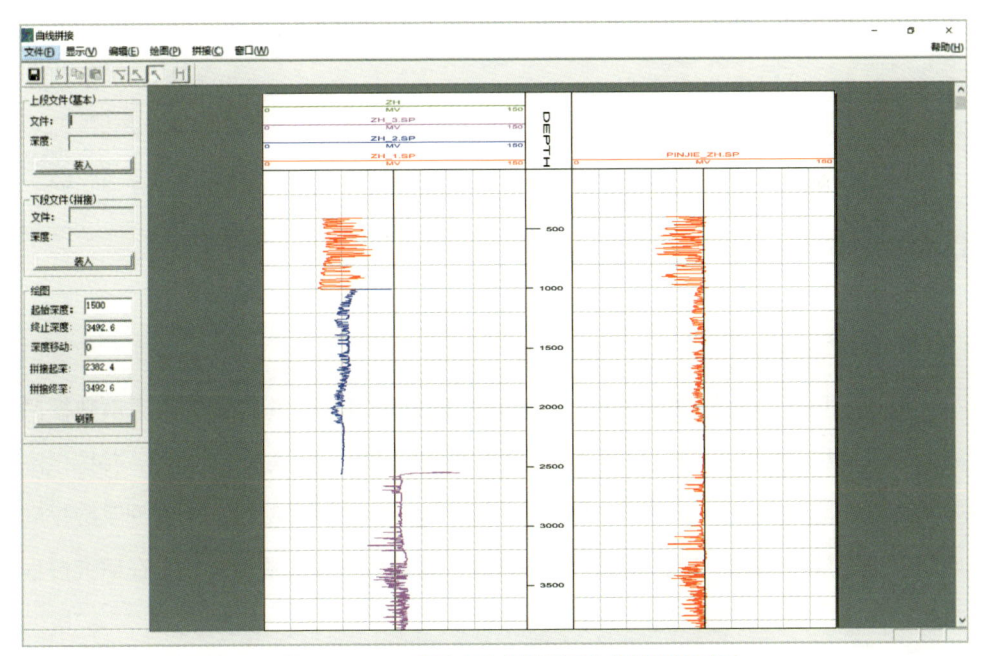

● 图1-3-31　项目库综合管理平台曲线拼接界面

— 35 —

（4）主流专业软件数据定制服务。

通过项目库综合管理平台，有效整合数据资源，为跨专业研究提供数据服务，可以统一为 OpenWorks、Petrel 等专业软件提供一致的项目数据服务。用户只需选定专业软件类型，即可快速形成专业软件所需的数据。目前已经支持的软件类型包括 OpenWorks、Petrel、Eclipse 等。同时基于数据订阅技术，新井、新项目数据可以及时添加到项目库中（图1-3-32）。

● 图1-3-32　项目库综合管理平台软件数据定制服务界面

3）应用效果

通过项目库综合管理平台，有效整合了数据资源，为跨专业研究提供数据服务。项目库综合管理平台可将实时更新的各类专业数据进行统一、规范，并提供高效的数据对比、数据预处理和数据统计手段，为专业软件和专题应用实现了数据向地质模型、成果图件、方案编制的快速推送。项目数据实时更新维护，在研究过程中各取所需，及时订制，提高了工作效率。

项目库综合管理平台自投入应用以来，有效支撑了油藏研究项目的数据准备工作。以方案研究的数据准备时间为例，通过项目库综合管理平台基于 GIS 工区选井，用户只需要在 GIS 底图上选择工区范围，即可从中心数据库、专业数据库系统抽取相关数据，创建指定范围的数据集，在 1 周内基本完成数据收集整理工作，工作效率提升 10 倍以上。项目库综合管理平台在勘探开发研究院和 6 个采油厂进行了全面推广，建立了 26 个油田项目数据库，有效支撑了勘探开发研究工作。

3. 打通专业软件数据通道，推动井震藏协同研究

通过平面图、地震剖面、连井剖面多窗口交互刻画技术，实现了基于专业软件研究成果的三图联动，实现了地震、地质多学科协同研究，为研究人员创造了储层研究的综合性新视角，辅助分析地层变化规律，使地层对比更精准。

1）井震协同制图

油气藏研究是一项综合性极强的工作，需要多专业协同配合，才能形成对地下油气藏精准的认识。传统的地震、地质、油藏研究不能有效协同，各专业研究成果不能有效互证，成果传递和利用效率低，急需井震多源成果协同验证技术，实现油气藏多源、多学科协同研究，提高研究效率和成果精度。

为此，大港油田组织开展井震协同制图技术攻关，研发了地震解释系统数据库接口，打通了地震解释软件数据通道，地震解释系统工区信息、井、测线、地震、层位等成图关键数据和地震成果数据实时在线抽取，并实现速度数据提取与实时转换、多图联动精细地层对比和井震结合油藏精细刻画（图 1-3-33）。通过地震速度体时深关系的实时转换，实现三维地震资料精确时深转换，提高了研究人员在储层研究时构造、形态、砂体、油气藏剖面的刻画效率，推动了井震结合的便捷性和高效性。

油藏剖面刻画与专业软件地震解释成果深入结合及相互联动，实现井震结合油藏精细刻画，平面、井震剖面、连井剖面多窗口交互刻画，为勘探开发研究人员提供了多图联动精细地层对比，利用专业软件地震剖面和断层分部位置成果，实现对油藏剖面展布形态的精准刻画（图 1-3-34）。

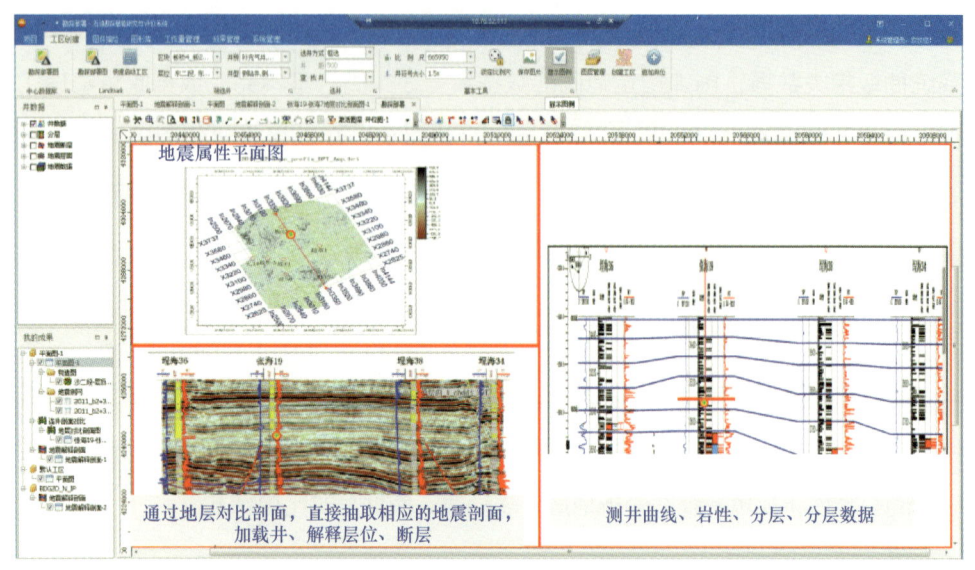

● 图 1-3-33　多图联动地层对比

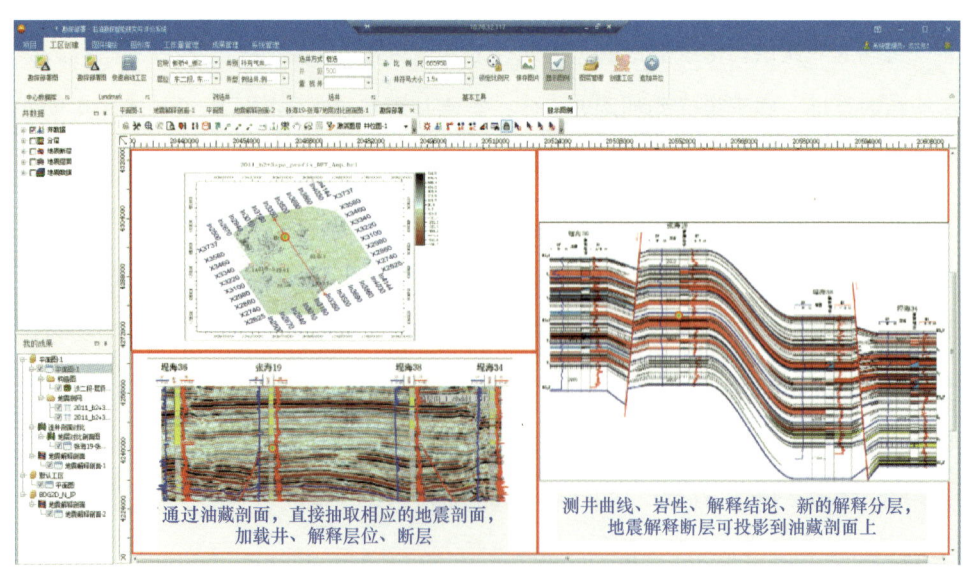

● 图 1-3-34　多图联动油藏剖面

基于专业软件研究成果的三图联动，创建了地震、地质多学科的深入融合与协同研究，为勘探开发研究人员创造了储层研究的综合性新视角，摒弃了传统的各软件导入导出、"单兵作战"的制图研究模式；主要利用油气层智能识别技术、多井对比智能连层技术、多源成果协同验证技术，辅助分析地层变化规律，使地层对比、砂体研究、油藏剖面更精准。

2）解释软件制图快编

地震解释软件是支撑地质构造研究工作的重要软件。目前有多款该类型软件在国内石油行业广泛使用，其中由国外厂商研发的软件占比90%以上，在研究工作中大部分构造成果图件都由地震解释软件中的制图模块制作生成。但国外软件的成图样式并不符合中国石油相关制图规范，用户需要通过第三方软件对图件进行大量的清绘编辑工作，极大地影响了研究效率。在实际使用过程中还存在以下几个问题：

（1）由于软件系统限制，大部分地震解释软件字符元素包括井名只能使用英文，所以必须要对图件进行中文化处理，极大浪费了制图人员的时间。

（2）由地震解释软件制图模块生成构造图之后，研究人员需要对等值线进行抽稀；这种等值线的抽稀工作手工操作非常烦琐、耗时。

（3）地震解释软件制图模块所生成的断层为几何多边形文件，不符合地质绘图标准，需要逐个对断层进行人工处理，如断层上下盘处理、断层掉向处理等。这些工作需要制图清绘人员逐个判断，工作量较大。

大港油田通过研发解释软件制图快编系统，不仅实现了对地震解释软件图件数据文件的解编，还实现了对断层多边形自动替换及等值线快速处理等实用功能（图1-3-35）。解释软件制图快编系统能够根据层面网格数据和高程值，快速识别断层上下盘，不仅能够自动区分断层上下盘数据，还能实现断层多边形数据到断层上下盘数据的自动替换；解释软件制图快编系统通过内置等值线样式参数设计器，可将原始图件中包含的全部等值线数据按高程值排序后进行列表选择，从而可通过快速设置的方式，指定等值线数据的处理方案，通过这些参数设置，有效降低转换后的等值线编辑工作量。同时，该系统已内置符合大港油田制图要求的大幅面挂图、A3图册、PPT模板等多种标准专业图件模板，在模板中定义了断层、等值线、井号等专业对象的样式规范，方便用户规范生成专业图件的内容组织及专业表达方式，用户可以根据工作需求随时进行调整。该系统同时支持斜井投影，系统内置转换工具通过井坐标数据及井斜轨迹数据相结合，可自动计算出斜井的平面轨迹投影，并将结果直接展现在图件上，既可保证井位数据的精度，又可减少井数据的编辑工作量。

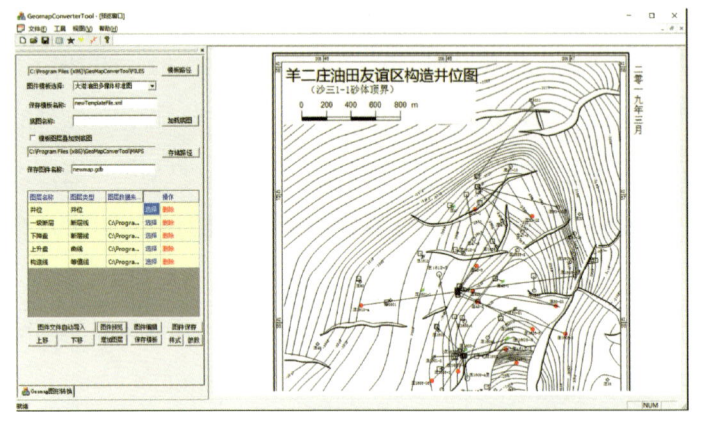

● 图1-3-35　解释软件制图快编系统

通过解释软件制图快编系统的推广应用，不仅有效解决了图形数据文件解编及快速清绘难题，更极大地提高了构造图成图效率。以一个有100个断层多边形的构造图编辑为例，传统的清绘工作需要1～2个工作日（7～12个小时）才能完成，而借助解释软件制图快编系统后，基本成图只需10～20分钟，精细成图约1个小时，效率提高10倍以上（图1-3-36）。

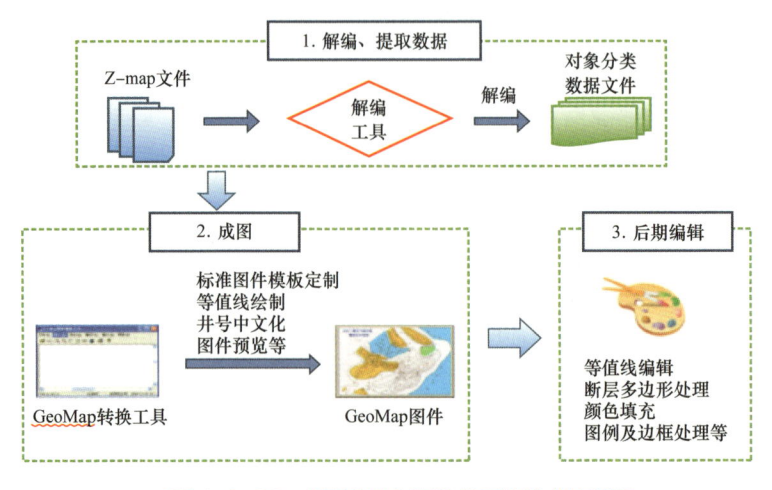

● 图1-3-36　解释软件制图快编系统技术流程图

3）建模软件制图快编

地质建模软件作为地质研究常用的专业软件，在油田开发研究及油藏工程分析等工作中形成了大量数据及成果，包括各类地质模型、属性参数模型及成果图件。如何让地质建模软件中的地质模型和成果数据快速转化成专业成果图件，并与地质及综合研究中的认识协同分析，是利用地质模型快速完成工业化制图亟须解决的技术问题。为此，大港油田组织开展了地质建模制图快编技术攻关，研发了建模软件制图快编系统，通过打通专业地质制图软件与地质建模软件的数据通道，将地质建模软件中的研究成果及研究模型快速转换为专业地质图件，实现了基于模型的快速成图，并结合地质图件模板管理技术，实现了多种平面图快速标准化成图，大大减轻了研究人员的工作强度，提升了研究成果相互转化的效率和精度。

建模软件制图快编系统设计的核心是能够分类、有序的查询、获取研究人员在地质建模软件中存储和管理的各类油藏模型和参数模型，以及各阶段研究成果和图件。基于这一目标，建模软件制图快编系统借助 Ocean 开发框架，利用地质建模软件工区中数据管理模型，根据成图要求将各类数据分类导出，再借助快速工业化成图技术，即"数据 + 模板 = 图件"的理念，根据成图要求分别从导出数据中选取匹配的模型数据，与地质图件模板中的专业样式匹配组合，得到各类专业图层。再由各类专业图层，组合生成符合行业标准的专业成果图件。

同时，为方便专业地质研究人员将已完成的成果图件快速转换为符合工业化标准的地质成果图件，建模软件制图快编系统在基础功能的基础上，扩展了对 MapWindow 图形窗口中成图数据的导出功能，通过图件数据包一键导出，利用模板成图技术，实现了 Petrel 成果的一键成图（图 1-3-37）。

通过建模软件制图快编系统的应用，实现了地质建模软件模型数据的导出共享及数字成图应用，实现了基于地质模型的快速工业化成图（图 1-3-38）。该系统在油藏描述项目及综合地质研究工作中广泛应用，极大减轻了研究人员的工作强度，提升了研究成果相互转化的质量和效率，为研究成果的充分利用及油田管理决策提供有力支持。以羊三木油田精细油藏描述地质成图为例：4 个断块、31 个单砂层、近10类平面图，共计1000余张平面图的绘制，传统方式需要2~3个月；应用油气藏模型快速成图系统，基于油气藏模型，快速生成分单砂层的各类地质图件，仅需1~2周，实现地质建模工区中各种图件快速标准化成图的同时，解决了地质图件与三维模型不匹配的问题，有效提高了地质图件的精度。

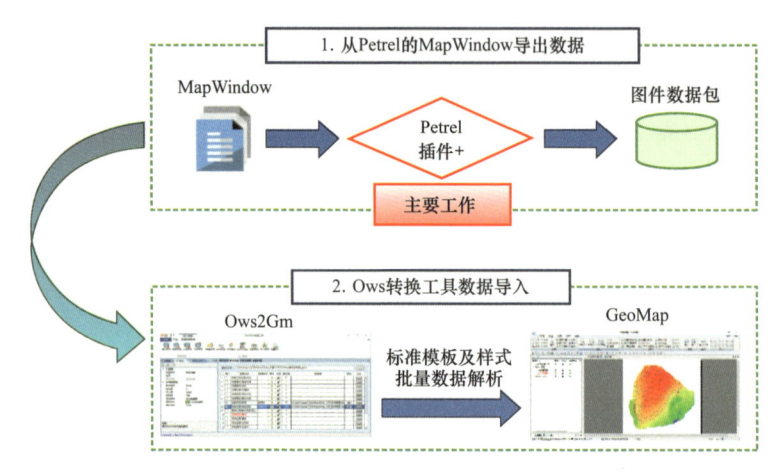

● 图 1-3-37 地质建模软件制图快编系统技术流程图

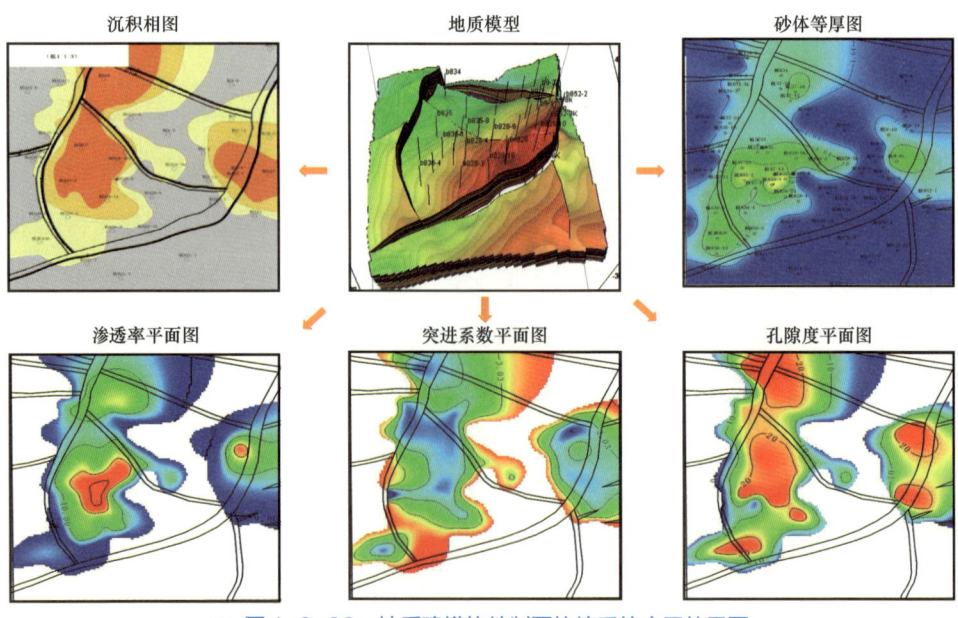

● 图 1-3-38 地质建模软件制图快编系统应用效果图

4."一纵一横",实现井筒专业数据可视化集成

一纵:为了解决研究人员对数据可视化、集成化需求的不断增加,大港油田开发了一体化井筒系统。该系统以深度为主线,在纵向上实现钻井、录井、测井、试油、分析化验数据集成;以时间为主线,在横向上实现单井从设计到建设、投产、生产、措施、作业、报废的全过程信息进行集中展示(图1-3-39)。

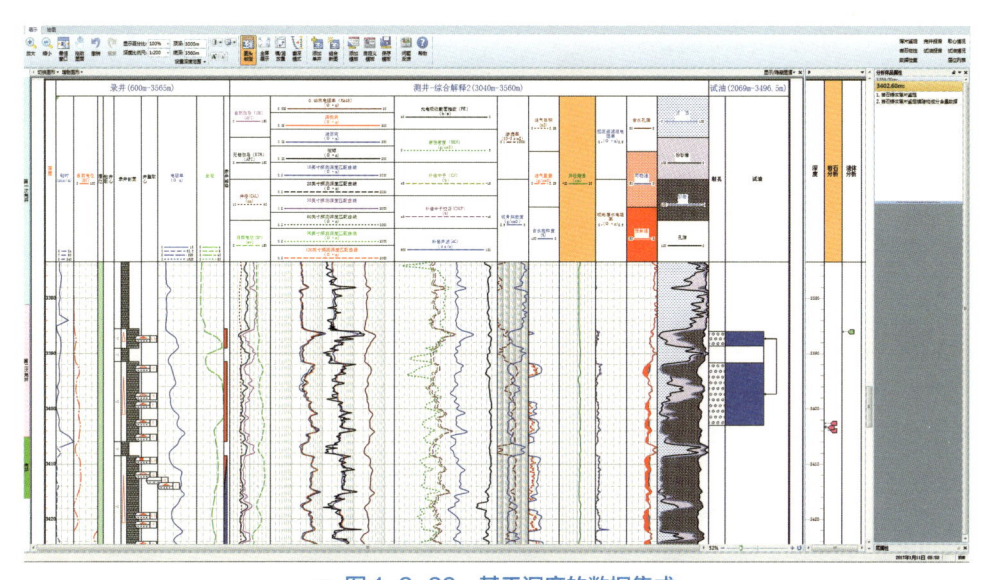

● 图1-3-39 基于深度的数据集成

一体化井筒系统基于专业数据库,结合研究工作需要,灵活展现地质数据,通过可视化展现手段,提升数据服务到信息服务,更进一步满足地质研究人员的需求。基于单井快速定位功能,配合单条件及符合条件查询,用户可以迅速找到所需井的全部基础资料。研究人员在查阅各类资料的同时,还可以查看各类地质图件及选择邻井进行对比分析。根据研究需要还可以将所查看的数据推送到各类绘图软件中,大幅提高了研究效率。

一横:系统按照时间线将单井钻、录、测、分析化验、日数据、月数据、区块数据、措施数据、动态监测数据,动态数据及井身结构、管柱图、产液剖面、吸水剖面、示功图、设计报告、钻井井史、井下作业报告等静态数据进行融合及可视化展示,同时将单井大事纪要在生命周期曲线上进行全程标注,实现生产过程与大事

记要相互联动；从宏观上为各级用户提供了单井全程生产情况，微观上实现了单井具体业务细致分析，有利于单井开发管理综合能力大幅提升（图1-3-40）。

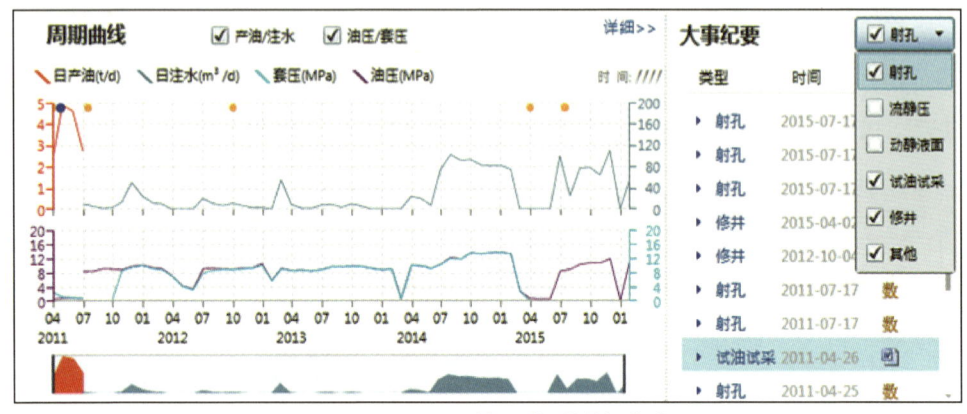

● 图1-3-40　基于时间的数据集成

一体化井筒系统在软件架构上设计灵活，可扩展、可移植性强，能够通过配置挂接不同的数据源，同时由于采用模块化开发方式，能够实现个性化应用场景的快速开发，满足不同岗位、不同业务的需求。

四　基本建立勘探开发生产管理数字化平台

1. 勘探生产管理全面数字化，提高勘探生产管理效率

1）部署实施勘探生产管理系统，有效提升工作效率

2015年，依托A1系统2.0项目，部署实施大港油田勘探生产管理系统，集成勘探生产信息发布、数据录入、生产报表于一体，具有勘探计划跟踪、井史信息、生产数据管理、生产报表、资料上报、实时录井、通知纪要、标准规范等功能，并集成了大港油田井筒可视化系统、物探动态系统和井场信息远程传输系统，实现了主要勘探生产业务全面数字化管理（图1-3-41）。

大港油田勘探生产管理系统，实现了大港油田勘探生产数据标准化、优化工作流程与数据流程，为用户提供更加方便、更加便捷的功能，使不同类型工作人员之间的交流更加直观，有力支持勘探生产管理活动。

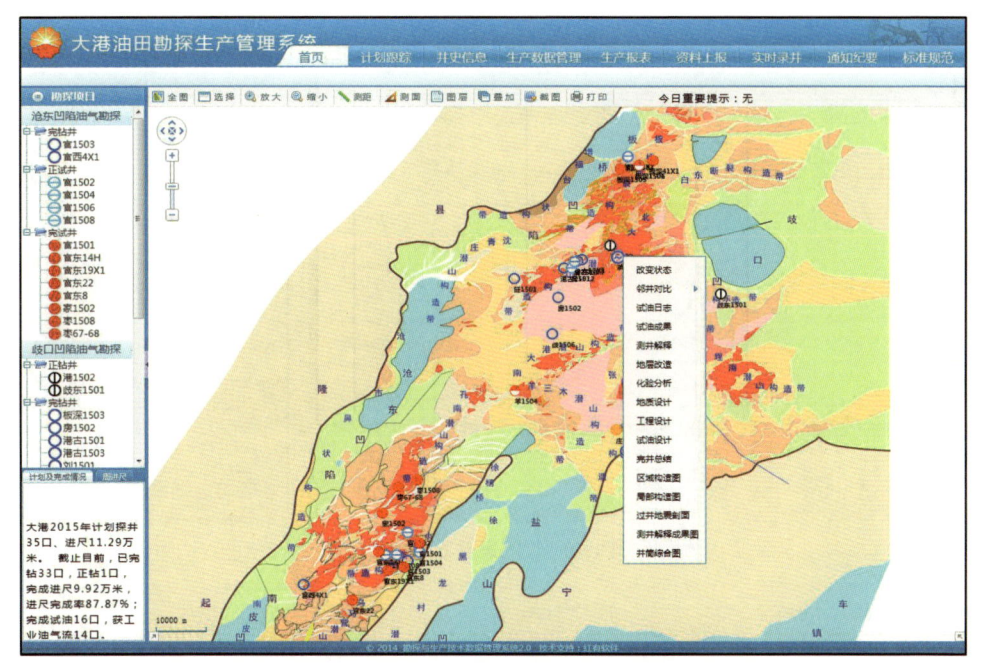

图 1-3-41 大港油田勘探生产管理系统

2）研发部署钻录井远传系统，实现钻井远程实时跟踪分析

2002年，大港油田在行业内率先组织建设录井实时远传系统，首次实现钻录井实时信息远程跟踪分析，将井场钻、录井各种参数及录井随钻地质剖面搬到了油田公司决策者、施工单位监控人员和科研人员办公桌面，不用上井场便可实时了解、掌握井场录井仪的各种工程参数、地质参数及录井地质剖面，从而可大大提高决策和工作效率，为后期实现钻井远程实时决策奠定了基础，录井远程实时传输界面如图1-3-42所示。

2015年升级为重点井远程实时跟踪系统，主要定位于解决研究人员及指挥决策人员重点井实时跟踪与远程决策的痛点问题；完成了大港油田重点区块井场钻井、压裂、试油等作业的实时数据、准实时数据采集入库，并基于井场各种作业数据采集，建立了集钻、录、测、试于一体的井场实时数据库和钻井远程实时跟踪场景；实现了钻井工程进度远程监控、实时跟踪指挥、勘探生产运行统计分析、随钻跟踪与地质导向、钻录测试实时跟踪展示、探区研究成果设计快速跟踪展示、远程踏勘及应急抢险等功能（图1-3-43、图1-3-44）。

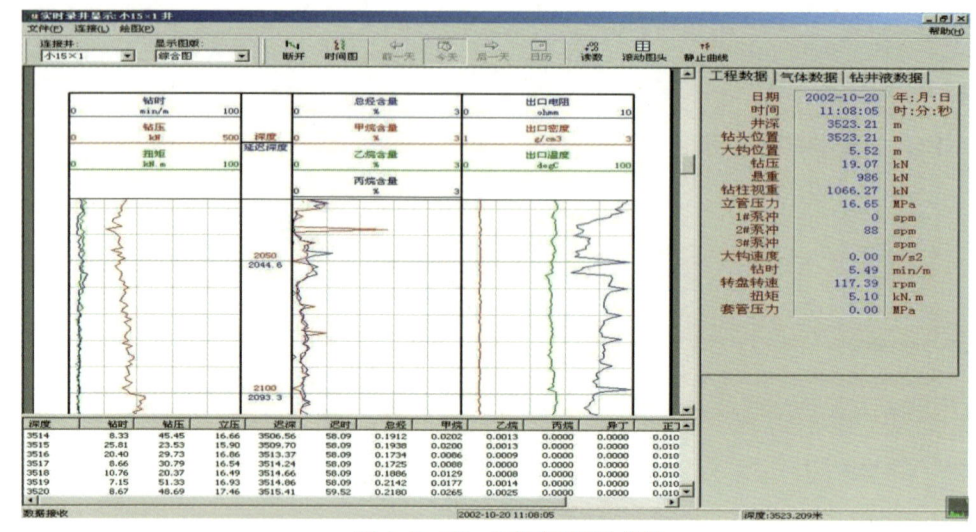

图 1-3-42 录井实时远传传输

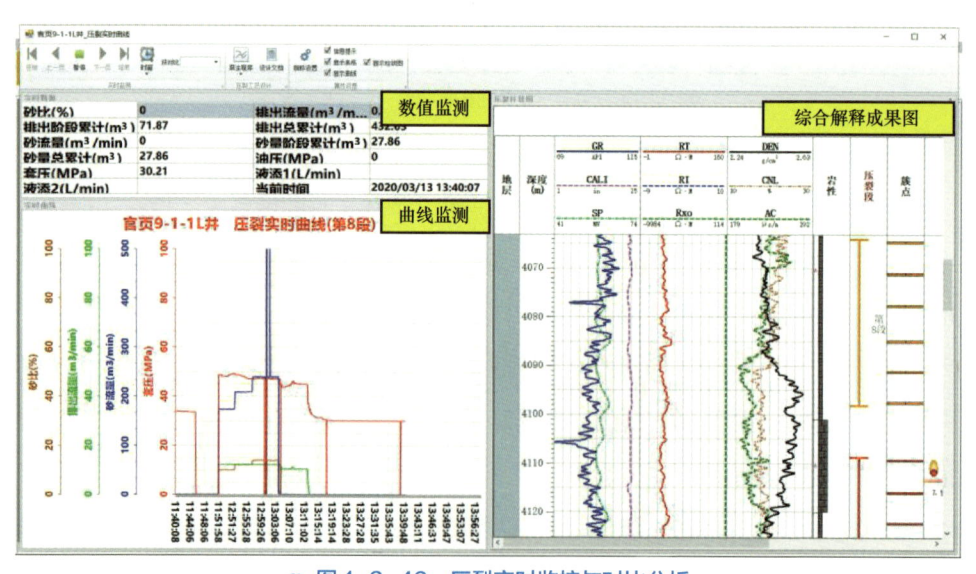

图 1-3-43 压裂实时监控与对比分析

该系统研发投产，实现了地质工程一体化、地上地下一体化和前后方一体化的钻井生产动态实时跟踪、远程决策、实时指挥与分析决策，大幅提高了勘探生产管理的数字化、科学化水平。

● 图1-3-44　钻井远程实时跟踪监控

2. 开发生产全面数字化，提升油藏管理水平

1) 研发开发方案及设计网络化管理系统，提高方案管理效率

多年来，大港油田一直致力于开展方案设计的网络化管理、共享化应用，形成了大港油田方案集成管理系统，涵盖了方案辅助编制、设计一键生成、过程网络化审批、结果集成化应用的良好局面，全面提升了大港油田方案编制及设计审核效率。

（1）方案编制方面：针对各类方案的不同标准及要求，从研究环节入手，先后构建了钻井工程方案辅助功能、采油工程方案辅助功能，实现了钻采工程方案从研究到编制的无缝转化，极大地提高了方案研究、编制效率。同时为实现方案的有效管理、高效流转及共享应用，构建了油藏开发方案、钻井工程方案、采油工程方案、地面工程方案、经济评价方案的集中管理及网络化审批，为"五合一"

> **小贴士**
>
> "五合一"方案：油藏开发方案、钻井工程方案、采油工程方案、地面工程方案、经济评价方案。

方案的集中统一管理及后续设计的开展提供了有力的共享支撑。

（2）单井设计方面：为解决大批量单井井位设计、钻井地质设计、钻井工程设计、试油及射孔设计、措施设计的高效生成及流转，结合各类设计的标准规范、模板要求，形成了井位公报、井位设计、钻井地质设计、钻井工程设计、试油、射孔及相关措施设计的网络化编制及审批功能；在全面加强单井设计管理能力的同时，也从源头实现了单井主数据的有效管理，为后续各环节统一了井号命名及奠定了坚实的单井数据基础（图1-3-45）。

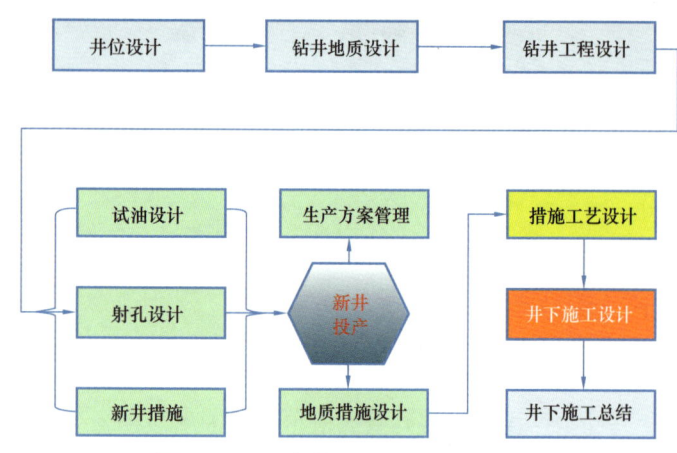

● 图1-3-45　单井设计数据管理及应用流程

2012年以来，大港油田方案集成管理系统累计完成各类方案及设计3万余份，年平均3200余份，提高方案编制及设计工作效率近40%，特别是随着大港油田地质工程一体化、技术经济一体化全面深入，进一步发掘了方案集成管理优势，为一体化战略的高效推进提供有力的基础数据保障。

2）推进油气藏生产过程数字化管理，提高油气藏管理效益

近年来，大港油田在中国石油统一指导下，油气藏生产过程管理整体上以A2系统为核心，结合大港油田实际通过深化应用，形成了大量的配套项目建设及完善，并取得了良好的效果。

构建了大港油田注水效果定量化评价系统，重点针对大港油田复杂断块，由于油田地质特征和开采条件不同，在不同的开发阶段水驱开发效果有较大的差异现

第一章　数字化建设成果

状,从"注好水、注够水、精细注水、有效注水"角度入手。针对不同油藏类型的储层及流体特性,表现出不同的开发特性,形成定量化的评价展示看板;针对不同含水阶段的水驱特性,建立评价指标的数值特征模型,将注水理论规律、统计规律、技术要求等描述转换为对特征的数值描述。从范围、变化规律、分级区间定义等层面进行分析评估,形成综合性的注水情况区间分析展示,将注水效果从定性评价转变为定量评价,全面提升研究人员对注水专项治理的系统认知程度,提高注水开发过程控制的管理水平（图1-3-46）。

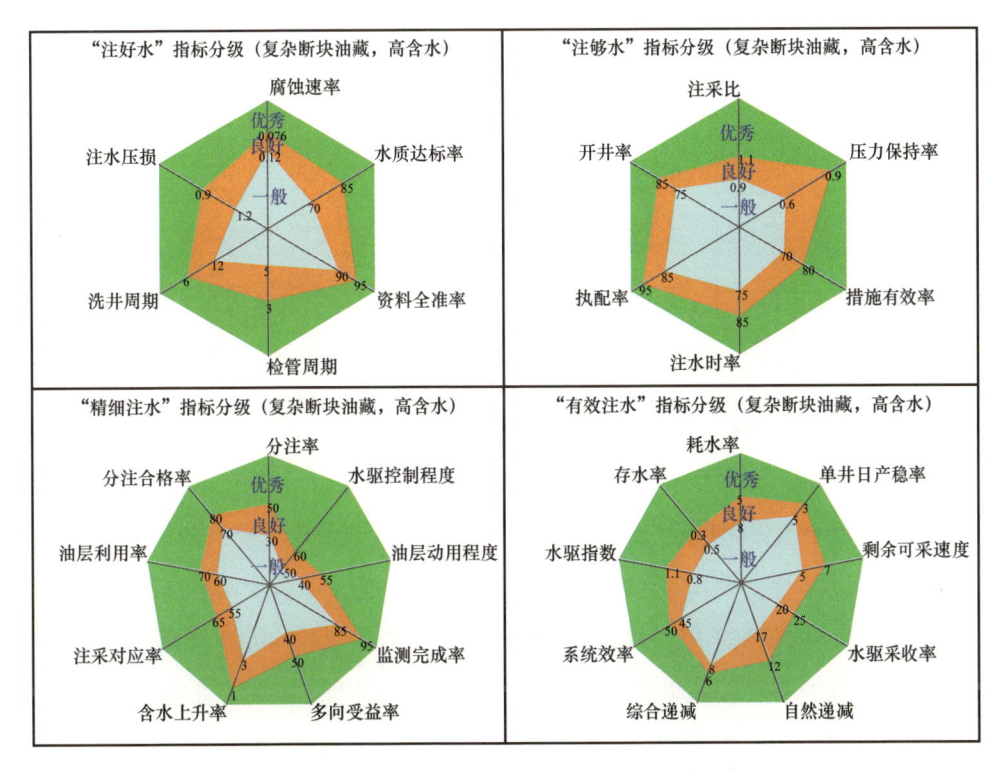

● 图1-3-46　综合多方因素的注水效果评价雷达图

3）研发油气藏分析助手软件,提高油藏动态分析效率

油藏开发和油井生产都具有基于渗流特征的客观规律,将动态（测试、生产资料）静态（地震、测井、取心）结合,根据数据间接把握油藏情况,应用动态分析方法来认识油藏的特征及规律,油藏动态跟踪分析研究是掌握油藏开发动态及制订

相应措施的关键。

大港油田为全面提高油藏动态研究效率，从油藏动态分析入手，全面分析油藏动态过程；油藏动态分析方法形成了“四级四类”的动态分析模式，并在此模式基础上打造了大港油田油藏动态分析助手软件，全面提高了油藏动态分析效率（图 1-3-47）。

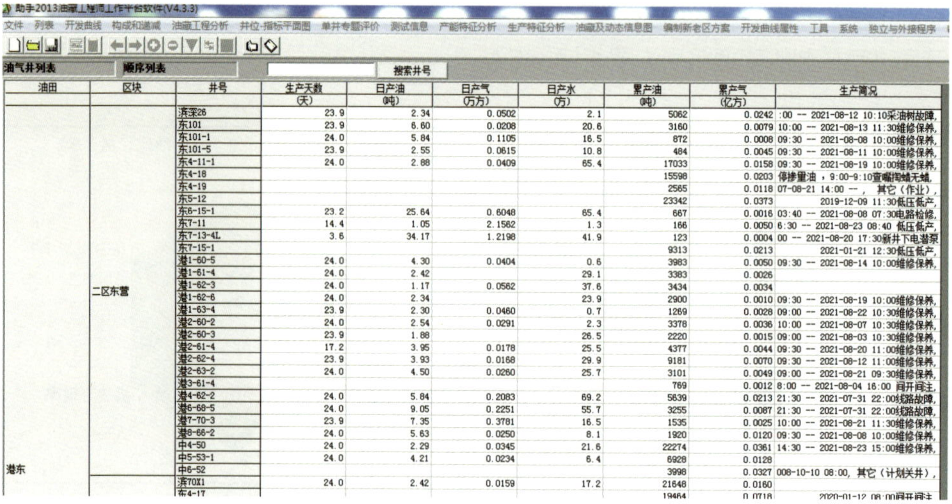

油田	区块	井号	生产天数(天)	日产油(吨)	日产气(万方)	日产水(方)	累产油(吨)	累产气(亿方)	生产简况
		滨深26	23.9	2.34	0.0502	2.1	5062	0.0242	:00 -- 2021-08-12 10:10采油树故障,
		东101	23.9	6.60	0.0208	20.6	3160	0.0079	10:00 -- 2021-08-13 11:30维修保养,
		东101-1	24.0	5.84	0.1105	16.5	872	0.0008	09:30 -- 2021-08-08 10:00维修保养,
		东101-5	23.9	2.55	0.0615	10.8	484	0.0045	09:30 -- 2021-08-11 10:00维修保养,
		东4-11-1	24.0	2.88	0.0409	65.4	17033	0.0158	09:30 -- 2021-08-19 10:00维修保养,
		东4-18					15598	0.0203	停掺量油 ，9:00-9:10查嘴闯蜡无蜡,
		东4-19					2565	0.0118	07-08-21 14:00 --， 其它（作业）,
		东5-12					23342	0.0373	2019-12-09 11:30低压低产,
		东6-15-1	23.2	25.64	0.6048	65.4	667	0.0016	03:40 -- 2021-08-08 07:30电路检修,
		东7-11	14.4	1.05	2.1562	1.3	166	0.0050	6:30 -- 2021-08-23 08:40 低压低产,
		东7-13-4L	3.6	34.17	1.2198	41.9	123	0.0004	00 -- 2021-08-20 17:30新井下电潜泵
		东7-15-1					9313	0.0213	2021-01-21 12:30低压低产,
		港1-60-5	24.0	4.30	0.0404	0.6	3983	0.0050	09:30 -- 2021-08-14 10:00维修保养,
		港1-61-4	24.0	2.42		29.1	3383	0.0026	
	二区东营	港1-62-3	24.0	1.17	0.0562	37.6	3434	0.0034	
		港1-62-6	24.0	2.34		23.9	2900	0.0010	09:30 -- 2021-08-19 10:00维修保养,
		港1-63-4	23.9	2.30	0.0460	0.7	1269	0.0028	09:00 -- 2021-08-22 10:30维修保养,
		港2-60-2	24.0	2.54	0.0291	2.3	3378	0.0036	10:00 -- 2021-08-07 10:30维修保养,
		港2-60-3	23.9	1.88		26.5	2220	0.0015	09:00 -- 2021-08-03 10:30维修保养,
		港2-61-4	17.2	3.95	0.0178	25.5	4377	0.0044	09:30 -- 2021-08-20 11:00维修保养,
		港2-62-4	23.9	3.93	0.0168	29.9	9181	0.0070	09:30 -- 2021-08-12 11:00维修保养,
		港2-63-2	24.0	4.50	0.0260	25.7	3101	0.0049	09:00 -- 2021-08-21 09:30维修保养,
		港3-61-4					769	0.0012	8:00 -- 2021-08-04 16:00 间开间注,
		港4-62-2	24.0	5.84	0.2083	69.2	5639	0.0213	21:30 -- 2021-07-31 22:00线路故障,
		港6-68-5	24.0	9.05	0.2251	55.7	3255	0.0087	21:30 -- 2021-07-31 22:00线路故障,
		港7-70-3	23.9	7.35	0.3781	16.5	1535	0.0025	10:00 -- 2021-08-21 11:30维修保养,
		港8-66-2	24.0	5.63	0.0250	8.1	1920	0.0120	09:30 -- 2021-08-08 10:00维修保养,
		中4-50	24.0	2.29	0.0345	21.6	22274	0.0361	14:30 -- 2021-08-23 15:00维修保养,
		中5-53-1	24.0	4.21	0.0234	6.4	6928	0.0128	
港东		中6-52					3998	0.0327	008-10-10 08:00, 其它（计划关井）,
		滨70X1	24.0	2.42	0.0159	17.2	21648	0.0160	
		东4-17					19464	0.0718	2020-01-12 08:00间开间注

图 1-3-47 油藏动态分析助手软件（数据处理界面）

油藏动态分析助手软件从油田开发专业技术人员的工作角度出发，集成油藏地质信息、调整方案编制操作平台、产能特征分析、开发动态分析、油藏工程研究、开发信息提取、综合汇报等功能，与 A2 系统无缝对接。实现了对单井、井组、区块及自定义对象数据的快速获取、分析及成图，支撑了区块构成及递减、油藏工程分析、井位指标平面图等动态分析过程的快速支撑，实现了报表、曲线、成果的一键形成汇报材料，是大港油田油藏动态跟踪分析的一大利器，大幅提升了油藏动态跟踪分析效果，得到了中国石油各单位的一致好评（图 1-3-48）。

3. 生产运行业务全面数字化，提高生产运行管理效率

生产运行管理业务是油田企业战略执行的核心枢纽和重要保障，履行着组织调度、指挥、协调、监控和服务职能，是油田勘探与生产的“作战部”和“指挥部”。对油田企业的生产和经营环节、要素保持高度关注，全面控制各个环节重点和难

第一章　数字化建设成果

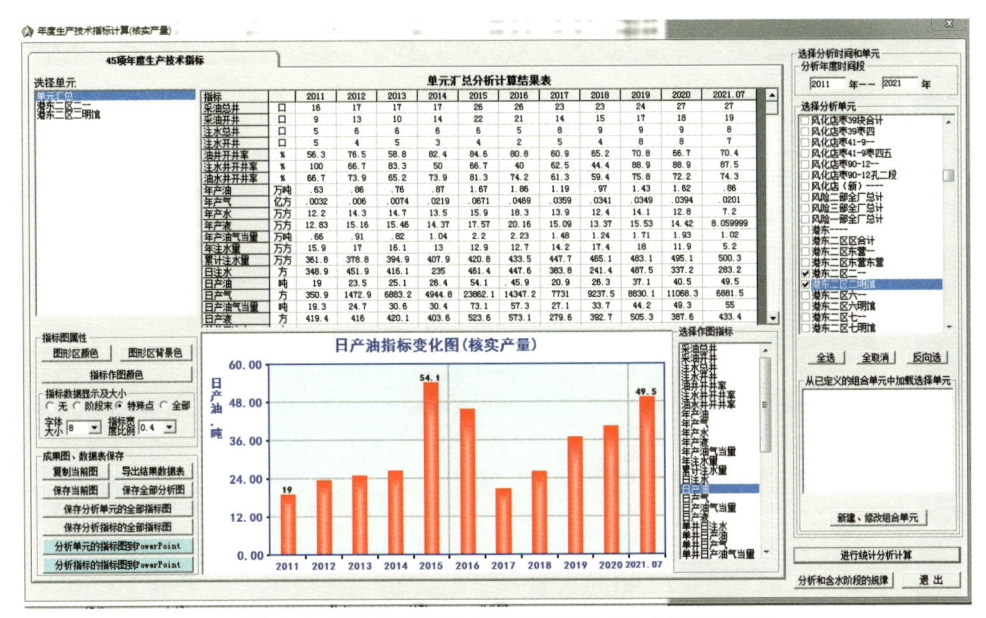

● 图1-3-48　油藏动态分析助手软件（综合分析界面）

点，协调各方面的关系，需要全面掌握油田勘探与生产过程中钻井、作业及水、电、讯、油气集输等重点工作动态，给决策者提供真实、有效地生产信息。

大港油田2006年开展生产运行信息系统的建设，覆盖油田公司、采油厂、原油运销、天然气处理站、储运库等相关的关键生产单位，涉及生产运行计划管理、日常生产运行值班、生产运行监视、生产运行调度等具体业务。实现了大港油田钻井、试油、作业、油水井生产、原油、天然气集输、处理、外输、水、电、讯等关键信息的全面及时管理，为油田公司全面掌控运行情况、合理开展调度指挥提供了坚实的数据及系统支持，同时为勘探与生产分公司提供了详实的大港油田生产运行数据。油田所有生产环节，全面支撑（图1-3-49）。

随着中国石油上游板块勘探与生产调度指挥系统（A8）的全面推广，大港油田生产运行系统为A8系统提供了生产运行的必要数据，同时大港油田生产运行系统作为A8系统深化应用的载体，开展了大量的深化应用工作，使大港油田A8系统功能更加完善、运行更加高效、推广更加广泛，极大地促进了勘探与生产分公司统建系统在大港油田的落地生根及蓬勃发展。

— 51 —

大港智能油气田

	油气预探	油藏评价	油气田开发建设	油气生产	油气销售
规划决策	中长期油气勘探规划 / 年度勘探计划 / 战略选区 / 勘探部署 / 井位论证	中长期油气藏评价规划 / 年度评价计划 / 评价部署 / 目标优选 / 井位论证	中长期油田开发规划 / 年度开发计划 / 开发部署 / 采矿权管理 / 开发方案论证	油气生产生命周期战略 / 油气生产总体目标制定 / 年度生产计划 / 开发调整论证	中长期管理与销售发展战略 / 年度产、运、销计划 / 油气销售价格制定
经营管理	账务管理、HSE管理、人力资源管理、物资管理、设备管理等				
生产运行	生产运行计划管理 / 生产数据收集汇总	日常生产运行值班 / 工程进度跟踪	生产运行监视 / 工作协调	生产运行调度 / 生产保障	生产运行分析 / 突发事件处理
生产管理	勘探项目总体设计 / 单项工程详细设计 / 探矿权管理 / 盆地评价 / 储量管理 / 地质参数井井筒工程项目管理	区块优选 / 评价计划管理 / 物探精查项目管理 / 评价井井筒工程项目管理 / 油藏评价 / 储量研究	初步开发方案 / 储量管理 / 开发计划管理 / 精细油藏描述 / 油藏模拟 / 综合地质研究	开发方案编制 / 储量复合 / 开发调整方案 / 开发井井筒工程项目管理 / 油气产能建设项目管理 / 地面工程作业管理	生产运行管理 / 作业措施管理 / 设施设备运维管理 / 油藏动态分析 / 采油工艺项目管理 / 开发效果评价	油气产量管理 / 油气集输管理 / 风险控制管理 / 综合治理措施	油气储运管理 / 油气计量管理 / 油气外输销售管理 / 管道运维与安全应急管理 / 站库自动控制与预警研究 / 管道防腐及管网自动监控与预警
生产操作	野外勘探 / 钻井作业 / 测井作业 / 样品试验	物探作业 / 录井作业 / 试油作业 / 样品试验	物探精查作业 / 录井作业 / 试油作业	钻井作业 / 测井作业 / 试采生产	钻井作业 / 完井作业 / 试油生产 / 地面工程作业	油气生产运行 / 生产动态监控 / 生产测试 / 油气处理	采油工艺实施 / 设施设备运维 / 油气集输 / 油气水化验	接卸与库存 / 原油销售 / 管道运维	天然气销售 / 轻烃销售

● 图1-3-49 大港油田生产运行系统所支撑生产运行的具体业务

4. 采油工艺与地面生产数字化全覆盖，提升工程工艺管理水平

大港油田A5系统自2016年开始推广实施，2017年上线运行，实现了大港油田采油工艺与地面工程生产数据的全面管理，与A2系统、A8系统、A11系统共同构成了大港油田开发生产管理完整的信息系统支撑体系，在大港油田稳产上产、提质增效工作中发挥着重要作用（图1-3-50）。

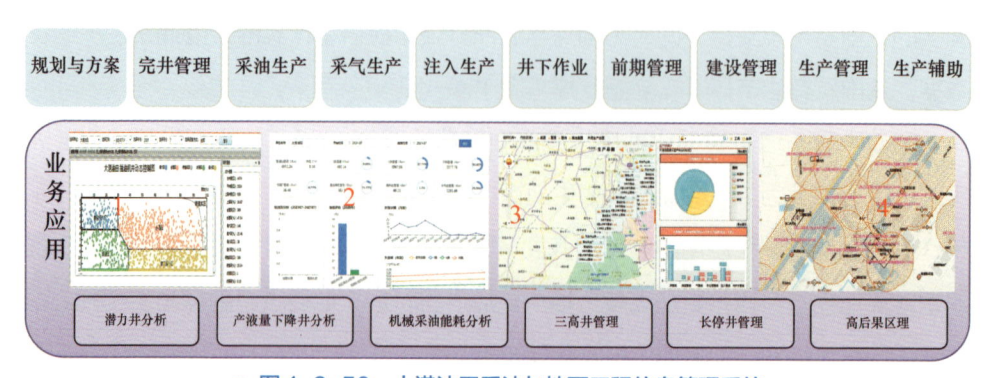

● 图1-3-50 大港油田采油与地面工程信息管理系统

大港油田 A5 系统在建设及推广过程中，根据大港油田的实际情况开展了大量的个性化扩展工作，覆盖油田公司、采油厂、作业区、注采组四个管理层级。用户包括公司机关、采油厂、研究院、储气库、井下作业、天然气等单位。

推动了大港油田采油工程与地面工程基础资料数据的资产化管理，实现了井、站场、管道、设备等各类信息常态化入库，完整率超过 90%，提升了基础资料管理水平；实现了 2018 年以来共计 156 项采油工程方案、62 份地面前期和建设文档的在线管理，提升了数据共享效率；地面系统实现"静态＋动态"数据的一体化管理，初步实现了数据一站式查询。

基于采油工程与地面工程资产化数据，实现设备信息全生命周期跟踪，提升设备管理工作效率 90% 以上，同时为关键设备优化选型提供了依据；测调成果实现在线查询，满足了及时调整注入参数的需求，部分工艺通过自动上传方式提高数据采集效率 80% 以上，为精细化注水提供了支持。

通过对 A5 系统的扩展应用，实现了对地面工程生产运行的能耗单耗、负荷率、设备效率等重要生产运行指标的掌握，及时分析油田各层级生产运行情况，为不断优化地面系统效率提供参考依据。

利用 A5 系统提供的方案设计功能，实现了地质设计、工艺设计、施工设计、施工总结在线编制、流转、审批；设计数据实现了结构化存储和自动相互调用，避免了前后设计数据不一致等问题；提高了编制和审批效率，缩短设计周期约 2.5 天 / 井次。

特别是在 A5 系统推广的过程中，充分利用已有统建及自建系统，与 A5 系统进行数据集成，完成数据表 18 张、数据项对接 351 项。通过 A11 系统实时数据的接入，实现相关报表自动生成，最大限度地减少各相关数据人工填报，保证了数据的一致性。为确保采油工程与地面工程数据的有效集成利用，大港油田开展了 A5 系统数据本地化建设，同步各类数据表 200 余张，为地质工程一体化、技术经济一体化、三次采油、作业区生产管理、管道与站场完整性管理、站库安全预警、地面工艺指标平台等多套系统提供了数据支撑，全面助力了工程工艺业务的高效开展。

五　率先建立地面生产数字化新模式

以单井、管线、站库地面生产关键要素及地面安全生产为核心，扎实推进单井数字化、管线数字化、站库数字化、生产安全数字化建设，在中国石油率先建立了"港西模式""王徐庄模式"等地面生产数字化新模式。有效精减一级组织机构，提高劳动生产率48%，优化一线用工36%，为老油田提质增效、精益生产开创了全新思路、奠定了坚实基础。

1. 单井生产全面数字化，形成大港油田"港西模式"

自2004年起，大港油田加快推进油水井数字化，通过在井口安装生产信息采集与控制设备，实现了油水井生产信息的实时采集和远程控制，累计改造油井5910口、水井2616口（新建产能井同步实施数字化建设），油水井数字化率在中国石油率先达到100%。通过油水井数字化，在很大程度上替代了传统的人工巡检、录取数据、现场调试，推动一线员工职责由"量油、测气、清蜡、扫地"转变为"监控、核产、维护、巡检"，大幅提升了油水井管理水平，在中国石油范围内开创了"信息采集自动化、注水调配智能化、工艺流程树状化、场站布局简捷化、生产管理平台化、劳动组织扁平化"为主要特点的"港西模式"。油水井数字化建设如图1-3-51所示。

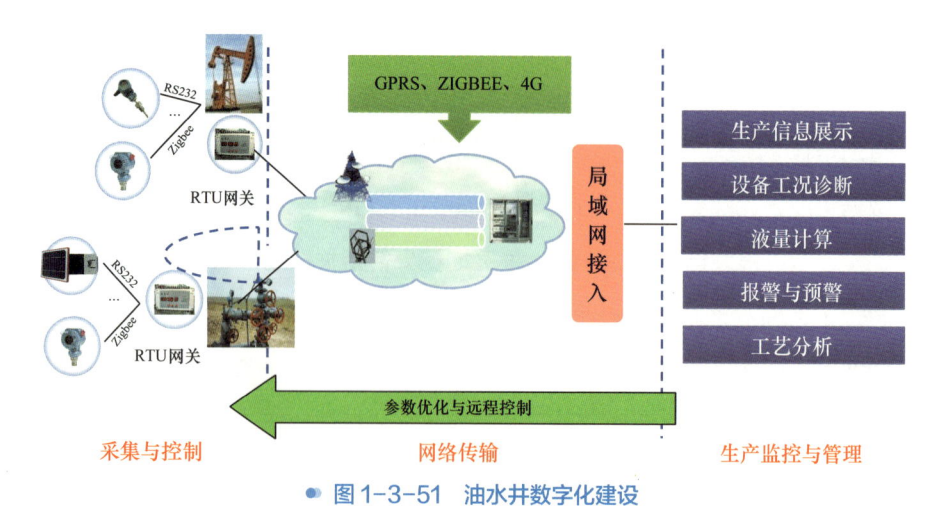

● 图1-3-51　油水井数字化建设

实现软件量油、注水井远程调控，是地面优化简化工作实施的关键和前提。在油水井数字化的基础上，大港油田加快推进地面工艺简化优化，全部取消计量站、配水间，累计减少各类场站 598 座；油田生产管道减少 2258 千米，加热炉、机泵等设备设施减少 586 余台（套）（图 1-3-52）。

● 图 1-3-52　地面优化简化

2. 管线运行全面数字化，实现管道完整性管理

配套地面管网优化简化，开展管道泄漏监测和阴极保护系统建设，其中：管道运行监测及泄漏报警系统，应用负压波、次声波管道运行监测系统及光纤预警等技术对 35 条 301 千米油气输送管道实施在线监测。近年来，系统共成功报警管线腐蚀泄漏、偷盗油事件近 50 次，及时发现、快速处置，既防止了环保事件扩大，也减少了油田原油损失（图 1-3-53）。在阴极保护系统方面，开展长输管道、集油管网、储罐的阴极保护系统标准化建设，共保护管道 232 条（主要油气集输管道覆盖率 100%），保护储罐 105 具，站场区域性保护 26 个，实现了阴极保护数据的实时采集、远程监控、工况分析及运行效果评价等阴极保护信息的统一管理。

3. 站库监控全面数字化，形成大港油田"王徐庄模式"

2017 年，大港油田启动了 A11 系统建设，遵循中国石油统一的 A11 系统技术架构和标准，按照"就地控制、总线传输、集中管理"原则，以数据采集与监控子系统、数据传输子系统、生产管理子系统三部分为主体开展站库数字化改造（图 1-3-54）。通过统一数据采集标准，完善关键节点数据采集设施，整合各岗位监控系统实现中控室集中监控及对重点区域部署视频等安防系统，实现了工艺流程及生产环境的预警和报警，从而实现了 4 座大型站场少人值守、19 座中小场站无

大港智能油气田

人值守，建立了"油田公司—采油厂—作业区"三级生产管理中心，优化了劳动组织、提高了生产效率。2018年，大港油田A11系统荣获"2017中国能源企业信息化卓越成就奖"。

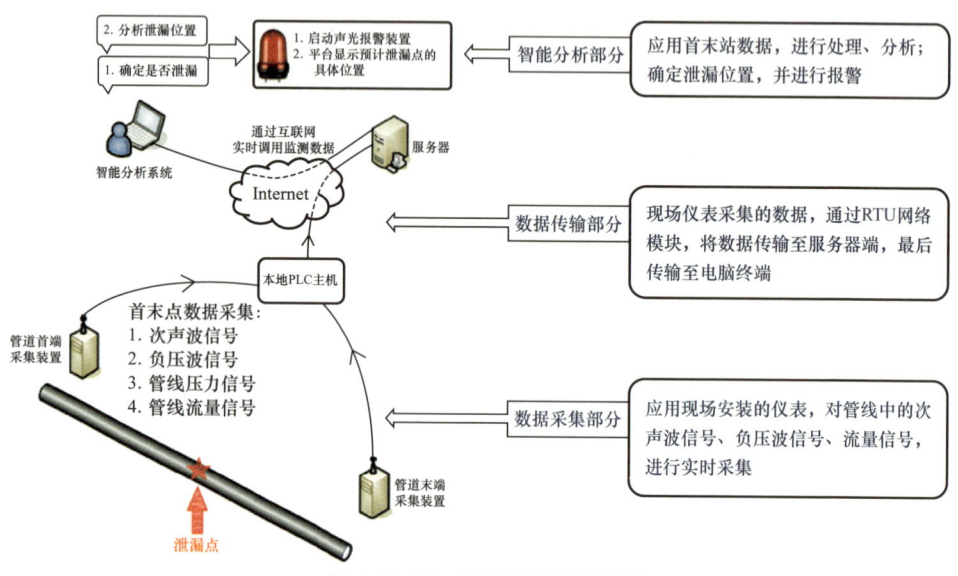

● 图1-3-53 管道泄漏报警架构图

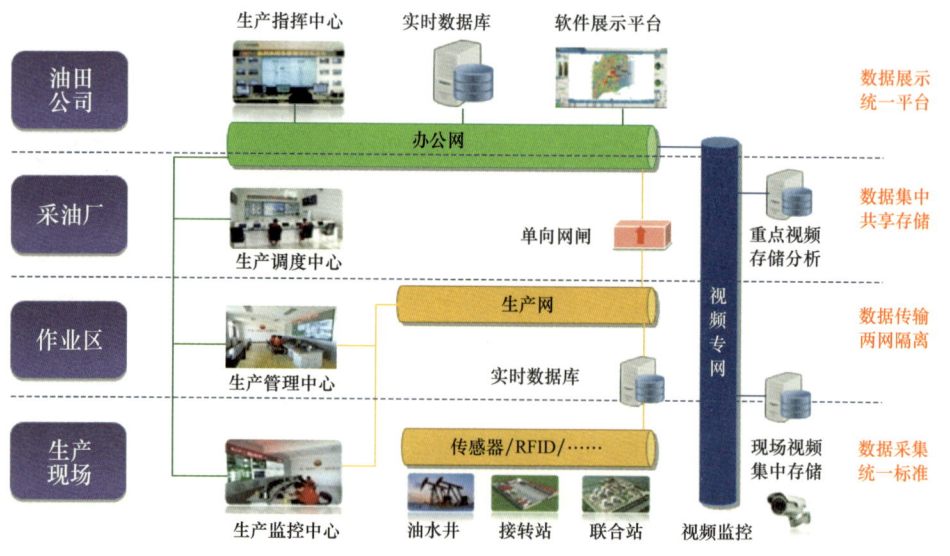

● 图1-3-54 大港油田站库数字化架构

— 56 —

4. 生产安全管理数字化，有效提升安全生产管控水平

（1）部署生产现场视频监控平台，提升现场安全管控水平。完成大港油田主要二级生产单位 24 座大中型场站、55 座小型及无人值守场站、2689 口油气井等重点生产现场的 3871 路视频监控建设，实现生产现场实时监控、远程喊话、区域入侵报警等功能；为生产单位构建"统一指挥、反应灵敏、协调有序、运转高效"的管理工作机制，增强生产现场偷盗油及其他突发事件管控能力，提升巡查效率，降低人员现场巡检频次，压缩人工成本，提高生产效益。工业视频监控系统架构图如图 1-3-55 所示。

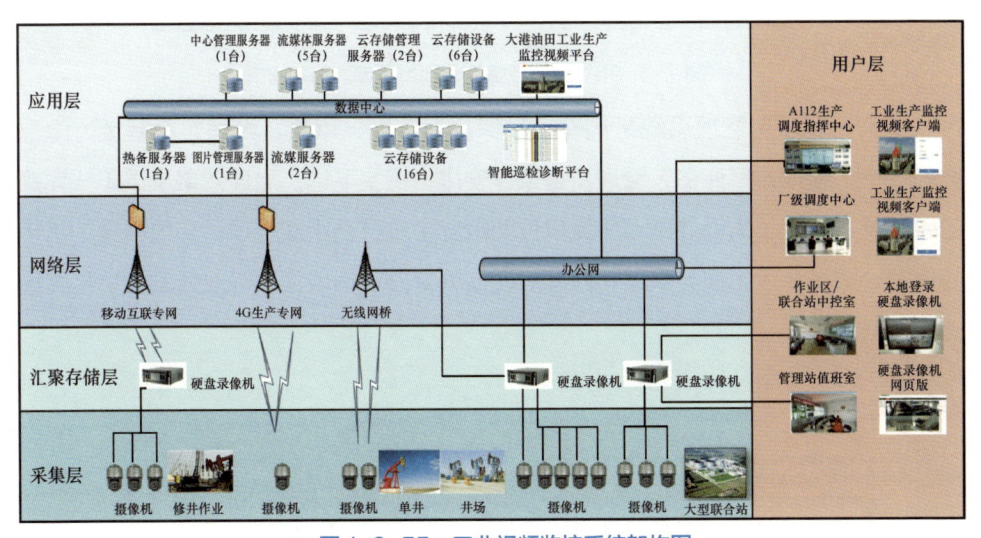

● 图 1-3-55　工业视频监控系统架构图

（2）实现安全环保管理业务流程数字化，全面提升管理效率。大港油田结合自身管理需要，开展并完成了特殊危险作业项目及安全环保项目管理业务的信息化建设，更进一步落实了公司 HSE 管理的具体要求。

特殊危险作业项目管理系统涵盖了 34 类特殊危险作业的管理，其中通用类 9 种，专项类 25 种，主要包括工业动火、临时用电、有限空间、抽油机安装、更换减速箱等作业（图 1-3-56）。通过信息化建设，实现了作业许可申报、审查、备案、取消、关闭、存档、统计等管理，提高了特殊危险作业许可审查审批的工作效率，明确了各类作业的审查审批流程，杜绝了超越流程审查审批的现象。

图 1-3-56　特殊危险作业项目管理系统架构图

安全环保项目管理系统是集安全环保项目申报、审查、治理方案制定、隐患风险评价、建设方案评估、治理资金渠道安排、资金下达、治理效果反馈于一体的应用系统，实现了大港油田与所属单位两级安全生产费用实施项目在线申报、审核与审批、隐患分级上报与治理、隐患治理挂牌督办、销项管理等业务的信息化管理（图1-3-57）。

图 1-3-57　安全环保项目管理系统架构图

六　建立经营管理与综合办公新模式

经营管理是企业的重点工作，对企业的生存和发展起着关键性作用，大港油田完成了 ERP 系统应用集成项目建设及应用推广，大幅提升了管理工作水平，先后建成了综合办公平台、移动应用平台，做到"拇指掌控企业，管理随身而动"，有效提升了油田公司办公效率。

1. 建成以 ERP 系统为核心的数字经营管理平台，助力企业管理经营水平

大港油田作为第一批推广单位，启动了 ERP 系统应用集成项目的实施工作，在项目建设过程中，坚持"以业务为主导，信息部门配合"的建设原则，充分调研业务需求，加强与主管部门沟通，确定项目组织机构和工作职责，信息部门与业务部门共同推动项目开展。历经项目准备、方案设计、系统实现等阶段，共完成业务蓝图 179 个、系统配置 242 项、系统开发 119 项、场景单元测试 135 个、场景集成测试 973 个，收集整理各类数据 207 万条，实现了项目成本全生命周期管理、物资库存上下架管理、设备维修成本预测、财务核算优化等管理提升，全面满足了业务需求。同时开展了 ERP 系统数据治理的探索，完成了五个模块，142 张表的数据本地化工作；完成了物资和项目管理模块 74 张表的清洗、转化和入库工作，并应用到大港油田生产物资管理信息系统中，为系统提供有效地数据支撑（图 1-3-58）。

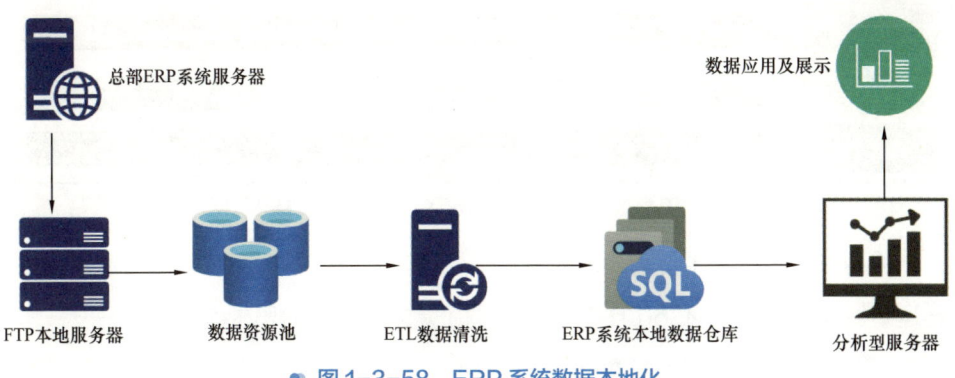

● 图 1-3-58　ERP 系统数据本地化

2. 建成"一静一动"两大办公平台，提升办公工作效率

综合办公平台从数据、业务、流程三个层面，利用信息化技术将办公流程标准化，实现网上流转，推进大港油田无纸化办公进程（图1-3-59）。完成了行政管理、党政工团、生产运行、经营计划、人事劳资、科技信息、安全环保、企管法规八个专业路、80多个工作业务流程的开发及网上流转，实现了公司主要办公流程的信息化。通过综合办公平台项目建设：（1）办公管理更加科学规范，对各节点岗位职责进行明确，全部由系统自动触发和监督执行；（2）办公效率大大提高，员工不再疲于日常的工作协调、督促、奔波，只需发起流程等待结果；（3）管理成本大幅度降低，涉及的文档都采用电子化存储，节省大量的人力和物力；（4）通过平台与其他办公管理系统的集成，实现一体化办公，极大提高了办公管理水平。

> **小贴士**
> 一静：综合办公平台。
> 一动：移动应用平台。

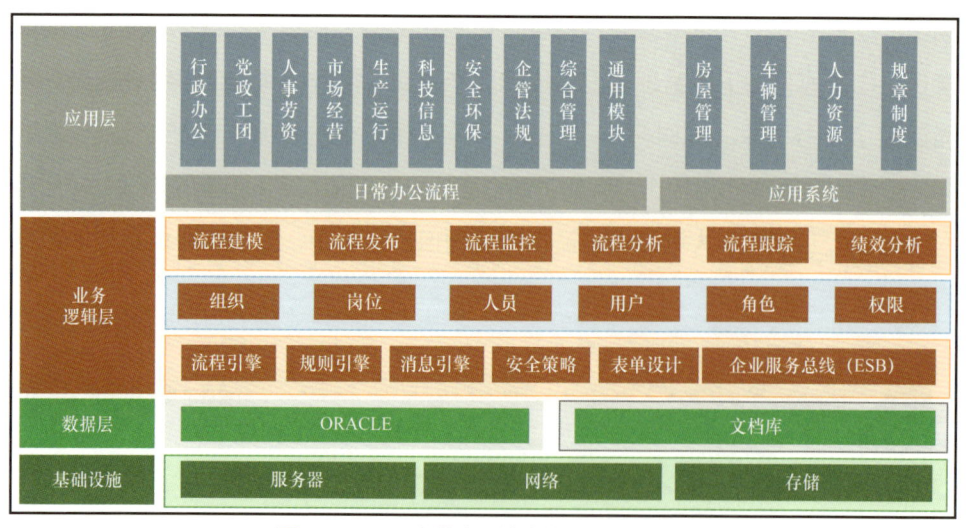

● 图1-3-59　大港油田综合办公平台系统架构

移动应用平台利用智能终端随时随地处理办公业务，真正做到拇指掌控企业，管理随身而动（图1-3-60）。通过充分调研需求，采用业界主流的移动开发技术，自主开发了适合公司业务需求的移动应用平台。平台主要有微门户、微视频、微应

用等功能模块；微门户实现了公司新闻、基层动态、通知通告、企业微博等在线浏览，强化移动宣传；微视频实现了移动端同步展示油田电视台新闻，实时掌握油田新闻动态；微应用生产通过数据可视化技术，将各类生产系统报表、国际油价报表等移动化，实时掌握油田生产动态，而办公方面实现了电子公文、合同、报销等系统在移动端的流程审批，同时还集成了领导政务、工作周报、会议安排等办公应用，实现了办公业务移动化。

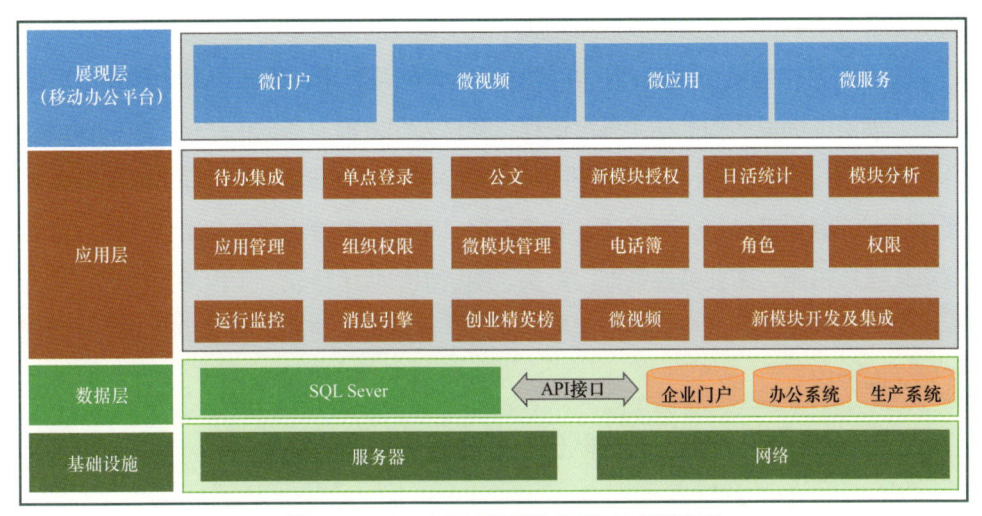

图1-3-60　大港油田移动应用平台系统架构

七　建立信息化组织管理新体系

1. 建立信息化三级组织机构，全面夯实管理基础

大港油田的信息化管理工作由"大港油田公司信息化领导小组"（大港油田总经理任组长，主管信息化的副总经理任副组长，其他大港油田领导担任成员）牵头负责，形成了"大港油田公司信息化领导小组—科技信息处—二级单位信息部门"较为健全的三级组织管理机构。其中，科技信息处为信息化工作的归口管理部门，信息中心为油

田公司信息化建设、运维和信息技术支持单位，实现了信息系统全方位体系支撑，全面夯实信息化工作管理基础。

2. 建立业务与信息化协作机制，深入推进系统应用成效

建立信息化工作专项资金保障机制，将信息化年度项目建设计划资金纳入油田公司预算，在经营形势较为严峻的情况下，"十二五"至"十三五"期间，大港油田信息化建设累计投资近7亿元，由各专业部门和信息化部门统筹协调，确保项目建设资金落实到位，快速形成信息化集中应用建设的高峰期。

建立信息化项目协作机制，充分发挥业务主导作用，面向信息化规划、项目立项、项目详细设计和推动实施全过程，强化公司主营业务与信息化工作的深度融合，专业部门、信息部门及应用部门共同推动与数字油田建设和公司数字化转型发展相匹配的组织机构、人力资源、业务流程、管理制度等优化整合工作；建立健全信息化考核机制，由业务主管部门牵头，围绕组织队伍建设、工作落实情况、信息系统运维服务质量、信息系统应用推广情况、信息技术培训、制度和标准执行情况开展全面考核。

3. 建立信息化复合型人才队伍，推动信息化快速发展

大港油田从事信息化工作人员共470人。其中，聘任1名企业技术专家、1名一级工程师、4名技术专家。近年来，大港油田先后承担或参加了中国石油信息化考核平台、ERP系统权限、勘探开发一体化协同研究及应用平台（A6）、中国石油认知计算平台（E8）等统建项目，锻炼形成了一支多级专家领衔的复合型信息化专业队伍。针对岗位实际需求，以人才价值为导向，通过构建"任务模型""任职资格工作技能"模型、企业知识图谱和成果系统，实现人才精准赋能，培养员工快速成长为技术骨干和专业领军人才；创新人才组织管理体系，结合大数据分析，实现人才精准定位和考核，按需科学动态配置、充分释放人才活力，打造"大港"数字化服务品牌，推动油田公司信息化业务快速发展。

4. 率先建立公司两化融合管理体系，提供强有力制度保障

在国家大力推动以两化融合管理体系促进企业形成，并完善数字化转型战略的大背景下，大港油田作为国家首批两化融合管理体系贯标试点企业，依据《信息化

和工业化融合管理体系要求》(GB/T 23001—2017),开展两化融合管理系统贯标工作。通过建立两化融合管理体系,优化两化融合管理过程,形成新管理规律、管理方法和管理机制,不断打造公司信息化环境下的新型能力,获取与其战略相匹配的可持续竞争优势,有效引导公司以融合和创新的理念推进两化融合,加速产业升级和新型工业化进程。

> **小 贴 士**
>
> 两化融合:信息化和工业化融合的简称,即把握数字化、网络化、智能化发展趋势,充分应用新技术、新方法、新理念,发挥数据要素的创新驱动潜能;推动和实现数据、技术、业务流程、组织机构四要素的互动创新和持续优化,挖掘资源配置潜力,夯实新型工业化基础,抢抓信息化发展机遇,实现创新发展、智能发展和绿色发展。

1)建立大港油田两化融合管理体系

通过贯标启动、现状调研与诊断、体系策划、文件编写及发布、试运行、内审和管理评审、申请评定等过程,对项目建设、系统运维、数据资源、信息安全等管理要求进行全面梳理和整合,并将信息系统总体控制(GCC)融合到管理过程中,发布实施《信息化和工业化融合管理手册》《两化融合策划与实施过程管理程序》等 46 个体系文件。两化融合管理体系与公司质量健安全环境(QHSE·IC)综合管理体系深度融合,对公司原信息化管理制度进行系统化完善与达标升级,使管理环节和内容更加科学、精细。

通过持续推进两化融合管理体系运行,有效促进大港油田信息技术和主营业务的深度融合,不断推动公司管理模式从条块分割向协同运作转变、从资源分散向优化配置转变、从管理粗放向精益运营转变,使生产经营等过程全面受控,对优化业务流程、降低劳动强度,提高油田现场管理水平,提高劳动生产率和经济效益发挥巨大作用,为油田公司数字化转型智能化发展提供有力管理基础。

2)以打造新型能力为抓手实现创新创效

为建立满足公司发展需要的两化融合管理体系,大港油田持续开展两化融合能力评估，通过识别公司的内外部环境，确定公司"勘探开发、生产管控、成本管控、科技创新"四大可持续竞争优势和"协同创新、智能实用、合规高效"12字两化融合方针。采用SWOT分析法，构建战略—可持续竞争优势—新型能力的战略循环。根据"创新、资源、市场、一体化、绿色低碳"的公司战略，通过与同行业和全国企业对比，找出自身的优势和劣势，从而确定下步信息化工作重点方向。

> **小贴士**
>
> SWOT分析法：S（Strengths）是优势、W（Weaknesses）是劣势，O（Opportunities）是机会、T（Threats）是威胁。基于企业内外部竞争环境和竞争条件下的态势分析，与企业发展密切相关的各种主要内部优势、劣势和外部机会和威胁等进行综合分析的方法论。

围绕企业战略，公司每年组织对打造新型能力及其年度指标进行识别、调整、评审和确定，逐步规划并形成系统性的符合大港油田实际的新型能力体系。"十三五"期间，重点打造"勘探开发工程一体化综合创效""油田数字化效率提升""科技研发创新""合规管理风险防控"四项新型能力，匹配信息化项目，设置可实现、可量化、有时间要求的年度考核指标，并将项目建设目标和年度指标硬挂钩，业务处负责对目标指标进行年度考核，促进信息技术与勘探开发等主营业务的深度融合。

> **小贴士**
>
> 新型能力：为适应快速变化的环境，深化应用新一代信息技术，建立、提升、整合、重构组织的内外部能力，赋能业务加速创新转型，构建竞争合作新优势，改造提升传统动能，形成新动能，不断创造新价值，实现新发展的能力。

3）全面提高信息化项目质量和水平

通过规范两化融合管理过程，从基础建设、单项应用、综合集成、协同与创新、竞争力、经济和社会效益六个方面科学评价两化融合水平。将数据—技术—业务流程—组织机构四要素融入信息化项目，从项目现状调研、可行性研究、立项到系统开发部署、数据准备、上线验收等关键节点。

通过建立统一的岗位风险识别和应对措施，使运维管理更加精细。注重专业数据的采集、传输、存储、分析等过程，规范数据模型管理和集成应用，明确信息系统、数据分类分级和标准化要求，挖掘数据开发利用价值，提高数据的及时性和准确性，发挥数据要素的创新驱动潜能，持续提升信息化项目应用效果。

推进大港油田两化融合管理体系贯标，不仅符合国家两化融合的要求，而且能够保证油田公司信息化与主营业务融合发展，进一步规范企业生产经营合规受控运行，提升公司利用信息技术的创新能力，促进企业加速转型升级，实现可持续发展。

大港油田持续把信息化作为转变发展方式的重要驱动力，在中国石油率先启动两化融合管理体系贯标、率先取得中华人民共和国工业和信息化部颁发的两化融合管理体系认证证书，获"两化融合管理体系贯标咨询服务机构"资质，先后荣获"国家两化融合突出贡献奖""两化融合助推老油田稳健发展"信息化管理创新奖等一批重量级荣誉。依托两化融合管理体系，在经济发展新常态和低油价时期有力支撑了大港油田持续稳健发展，两化融合处于国内领先水平。

第二章
数字化转型蓝图

　　大港油田信息化建设，取得较为丰厚的数字化建设成果，虽然很大程度上支持了勘探开发业务，但也面临着巨大的挑战。2018 年，大港油田在中国石油信息化工作整体部署下，提出了自己的数字化转型发展蓝图，加速进入了从数字化到数智化的发展新阶段。本章主要分析了大港油田在数字化转型面临的形势、挑战与机遇，描述了数字化转型发展蓝图和实施计划。

第一节　面临的形势与挑战

大港油田作为中国东部老油田的代表之一，主营业务方面面临着地质条件复杂、资源劣质化、投入产出底、结构臃肿、效率及效益提高难的现实挑战；而率先启动的信息化建设所带来的传统技术功能存量规模大、范围涉及广，同样面临着技术更新换代、基础设施升级换代、平台化集成建设的严重挑战。要利用数字化转型智能化发展的有利契机，助力主营业务理论创新、模式变革，寻找破解之道，推动大港油田可持续发展。

> **小贴士**
>
> 数智油田：大港油田数字化转型智能化发展的缩影，即利用新一代数字化、智能化技术，加速工业化与信息化的深度融合，实现企业全业务、全过程、全方位的数字化转型，推动企业改革创新与高质量发展。

一　主营业务发展战略

截至 2018 年底，大港油田经过 54 年的持续发展，针对当前及未来一个时期面临的严峻形势，为保持高质量、可持续发展，提出了"12345"总体战略部署：

"1"是要牢牢锚定"建设国内一流数智油田"这一奋斗目标；

"2"是要突出围绕"油气当量达到 500 万吨"并保持稳产，50 美元/桶油价下扭亏为盈"两大核心任务；

"3"是始终坚持"数智化转型、低成本运营、高质量发展"三大基本方针；

"4"是要扎实推进"安全环保、人才强企、提质增效、党的建设"四大系统工程；

"5"是要大力实施"创新、资源、市场、一体化、绿色低碳"五大发展战略。

大港油田围绕整体战略部署，按照中国石油统一安排及油田公司实际情况，明确了2021—2025年的发展目标：

年均新增原油探明储量2300万吨，控制储量1500万吨，预测储量3000万吨；整体新增天然气探明储量70亿立方米，预测储量300亿立方米；原油产量保持在400万吨以上，天然气产量保持在6亿立方米以上，并力争多产超产；油价稳定在50美元以下，"十四五"末全面消灭亏损，实现扭亏为盈；预计2025年，基本建成国内一流数智油田。

远景规划到2035年，油气当量达到500万吨，经济效益达到板块先进水平，全面建成智能油田。

针对大港油田既定愿景规划，必须全面梳理企业主要业务流程，深入剖析主营业务发展面临的困境，紧紧围绕公司模式改革；通过数字化转型智能化发展推动企业流程再造、业务创新，确保目标如期实现。

> **小贴士**
>
> 一体化：增储建产一体化、地质工程一体化、科研生产一体化、技术经济一体化、生产经营一体化、国内国际一体化六个方面。

二 核心业务流程

大港油田作为中国石油地区公司之一，主营业务主要包括油气勘探和开发生产两大业务；涵盖油气藏工程、钻井工程、采油采气工程、地面工程等主要业务，涉及决策管理、生产管理、协同研究、生产操作及运营支持等核心内容。勘探开发核心业务如图2-1-1所示。

1. 油气勘探

油气勘探主要涵盖勘探及油气藏评价等业务。决策管理层，主要包括勘探部署决策、井位论证审查、圈闭与储量评价审查、评价部署决策及勘探与评价生产指挥

油气勘探			开发生产		
勘探规划计划	勘探部署	评价管理	年度开发部署	油气配产指标	油气销售管理
矿权储量管理	重点项目管控	勘探生产指挥	产能建设项目	开发调整项目	三采试验项目
矿权管理	勘探项目管理	评价项目管理	规划计划管理	开发方案管理	地面工程管理
规划计划管理	储量管理	新区产能建设管理	产能建设管理	采油工程管理	三次采油管理
物探工程管理		井筒工程管理	油气藏生产管理	井下作业管理	油气储运销售管理
综合地质研究	规划部署研究	方案设计编制	精细油藏描述	采油工艺研究	地面工程研究
资料处理研究	处理资源评价	勘探配套技术研究	开发方案研究	措施设计研究	开发配套技术研究
野外勘探	分析化验	数据资料采集	油气水井生产运行	油气水井监测作业	油气集输处理
物探工程作业	钻探工程作业	地面工程实施	产能建设工程作业	油气水井作业维护	油气储运销售
经营管理	计划管理	财务管理	物资管理	设备管理	人力资源管理
安全环保	HSE体系管理	生产监督管理	工业安全管理	职业健康管理	环境保护管理

● 图 2-1-1　勘探开发核心业务

等；生产管理层，主要包括矿权与储量管理、勘探部署管理、勘探项目管理、物探工程管理、井筒工程管理、评价项目管理、新区产能建设管理等；系统研究层，包括综合地质研究、规划部署研究、资料处理研究、勘探开发配套技术研究、地球物理研究、石油地质研究、圈闭与井位研究、钻井设计研究等；生产操作层，包括野外踏勘、物探作业、分析化验、数据资料采集、钻井作业、录井作业、测井作业、试油作业、实验检测等。

2. 开发生产

开发生产业务主要涵盖油气田开发生产的全过程业务。决策管理层，主要包括油气田开发中长期规划审查、油气开发年度部署决策、油气配产、油气销售管理、开发调整等；生产管理层，包括产能建设管理、采油工程管理、油气藏生产管理、井下作业管理、油气储运销售管理、三次采油管理等业务；协同研究层，主要包括精细油藏描述、开发方案研究、采油工艺研究、地面工程研究、措施设计研究、开发配套技术研究等；生产操作层，主要包括产能建设工作作业、地面工程实施、油气水井生产运行、油气水井监测作业、油气集输处理、油气水井作业维护、油气储运销售等。

除上述两大主营业务外，共同设计运营支持管理，主要包括经营管理和安全环保管理，贯穿油气勘探、开发生产的全过程。

三 主营业务面临的形势与挑战

大港油田作为东部复杂断块老油田，地质情况复杂，"四高、三低、两失衡"现象尤其突出。面临着严峻的形势和挑战，通过数字化转型智能化发展来支撑油公司模式改革，趟出一条可持续、高质量发展的新道路，必须要深入分析形势，积极破解拓展。

> **小贴士**
>
> 四高：勘探程度高、综合含税高、自然递减高、综合成本高。
> 三低：新增储量品质低、产能到位率低、油田采收率低。
> 两失衡：投入产出失衡、储采比失衡。

大港油田经历了半个多世纪的勘探和开发，整体上勘探开发进入中后期，资源劣质化明显加重、油田开发步入高含水时期、投资规模不断压降、结构性冗员与生产需求矛盾明显，制约、影响着主营业务的高效开展。

1. 资源劣质化与技术不适应的挑战。

大港油田的探明未动用石油地质储量扣除环境敏感区、城市占压外，具备再评价条件的占比较少，储量呈现深、散、低、难四大特点；近年新增三级储量中，深层储量占比过大，特别是低渗储量占比更大，而技术进步的幅度跟不上资源劣质化的速度，特别是深层低渗油藏大幅提高采收率等关键技术还不够成熟适用，可供效益建产的储量严重不足。

2. 开发难度高与长期稳产的挑战

大港油田经过多年的二次开发，中、高渗透油藏和低渗透油藏面临严峻的稳产挑战，纵向油层单层层见水，多层水淹严重，层间层内矛盾上升，平面剩余油更加

— 71 —

分散，给定量描述带来困难，注水低效无效循环，水驱储量控制程度远低于股份公司平均水平。基础井网重建与修复面临困难，套损套变井多，占在册油水井总数的 18.2%，年均损失可采储量 80 万吨，油水井开井率从 2010—2018 年下降 5%，严重影响大港油田长期稳产基本面（图 2-1-2）。

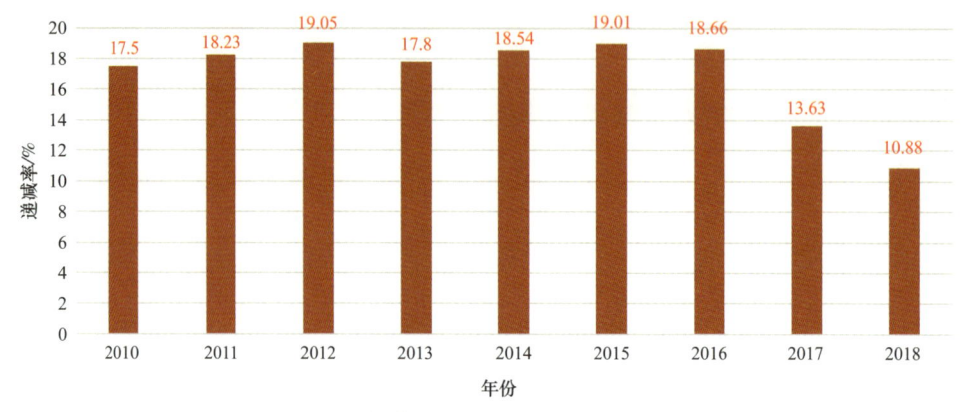

图 2-1-2　大港油田 2010—2018 年自然递减率图

3. 经营成本高与效益运行的挑战

大港油田资产总量长期居高难下、吨油当量油气资产是中国石油平均水平的几倍，资产折旧折耗及摊销占比过大，资产包袱重、创效能力差，已成为制约发展的突出因素。近年来，中国石油持续加大投资管控力度，产能投资标准较 2017 年下降超过 20%；受市场机制不健全等因素影响，大港油田建产需求不断攀升。如果不想方设法把单井产量提上去、把自然递减降下来，单靠拼投资、堆工作量来完成产量任务，势必陷入"寅吃卯粮"的恶性循环。

4. 结构性冗员与生产率提高的挑战

截至 2020 年底，大港油田人均油气当量在勘探与生产板块排名倒数，而且一线职工紧缺、二三线冗余的结构性矛盾十分突出。随着中国石油"以净利润为主、以劳动生产率为辅"工效挂钩力度的不断加大，优化队伍结构、盘活人力资源、提高全员劳动生产率，已成为必须解决的重要问题。

四　信息化建设面临的形势与挑战

大港油田作为国内信息化建设起步较早的单位，积累了大量的基础设备设施、数据、系统等，随着数字化转型智能化发展的快速推进，需要更高性能的基础设施支撑、更全面的物联网覆盖、更高的数据质量、更加融合的智能共享功能，都为信息化建设带来了一定的挑战及影响。

1. 基础建设无法满足"云大物移智"业务高速开展的需求

中国石油规划对基础网络架构进行升级演进，实现网络软件定义、按需定制、自动部署、集中管控。而油田公司企业网络仍属于传统架构，在建设管理及应用部署上较为固化，无法匹配集团统建规划及"云大物移智"信息化业务的灵活部署需求。

> **小贴士**
>
> 云大物移智：云计算、大数据、物联网、移动互联网、人工智能五项新一代信息技术。

1）网络及资源承载能力有限

目前，企业网络组网采用裸光纤直连模式，部分主干光缆利用率已超过90%，厂内站间光缆利用率已达100%，无线网络承载不稳定、传输带宽也难以满足大数据量实时传输需求。数据中心的计算资源已经接近饱和，传统的数据中心架构难以有效支撑区域数据湖建设和数字油田信息系统可靠部署。

2）网络安全防范需要加强

大港油田网络安全缺少主动分析、动态防御、联动协防能力，仍需进一步加强网络安全防御加固及应急管理建设。工控安全防护方面，目前仅完成了工控主机的安全防护，对于工控网络隔离、安全审计、统一监管等层面仍未开展，急需持续开展工控安全纵深防御体系专项建设。

3）物联网建设亟待升级完善

油水井数字化设备设施老化、失效情况时有发生，升级改造迫在眉睫；站库数字化关键是设备监测参数少、随着地面工艺的优化，需要优化、改进地面物联网配套；管道泄漏没有全面覆盖，针对管道的安全预警建设仍存在短板。

2. 跨专业、跨领域数据共享难

1）数据采集源头需要统一

数据源头多，大量数据重复采集、分散存储，存在数据孤岛、数据重复及数据不一致现象，跨专业、跨领域数据统一管理机制尚未全面建立，需要通过区域湖建设和数据治理入湖，实现数据的统一源头采集及集中管理，为集成共享提供基础。

2）数据质量有待加强

油气藏勘探开发业务链条长、系统建设技术标准不统一、数据模型存在多版本及未能统一管理，数据质量参差不齐，整合集成难度大；主数据、元数据管理存在短板，不能满足多专业协同、大数据建模、智能化应用等新需求。

3）数据共享服务支撑需加强

油气藏勘探开发涉及井筒、地震、研究成果等海量数据，种类多、链条长、数据量大、处理过程复杂、开发利用困难，现阶段缺乏有效管理油气藏多样数据、海量数据，为用户提供及时、准确、高价值的油气藏综合信息；如果缺乏普适化的企业级数据分析工具，为业务用户日常数据分析提供灵活、高效的辅助手段，缺乏可视化手段，难以赋能最终用户通过深入洞察数据进行全员创新。

3. 应用系统功能难以共享

1）应用系统重复性建设问题待优化

重复性建设问题的长期存在导致整体应用效果不佳：从中国石油层面来说，统建系统间存在一定的重复性建设，A2系统、A5系统、A11系统等存在一定交叉。中国石油统建与油气田企业自建系统间存在重复建设，界面不清晰；各地区公司间自建系统存在重复建设、功能重复、应用效果参差不齐，"十四五"规划交叉内容较多；各油气田企业内部自身重复性建设，影响了专业应用规模及效果。

2）孤岛性问题待解决

无论统建还是自建系统，大多独立建设，自成系统，无法剥离复用。横向上，钻井、油气藏、采油气、地面各专业间难以互联互通共享应用。纵向上，中国石油总部—地区公司—采油采气厂—生产作业现场各管理层级无法联动应用。油气藏评价—规划方案—产建—过程控制—提高采收率—经济评价—储量矿权开发各环节全过程难以共享应用。

3）平台化集成建设待加强

2011年以来，大港油田逐步开展平台化建设，初步形成了相关系统数据集成、功能集成，但是仅限于数据、界面级别的集成，没有以服务化方式对相关功能进行微服务化封装，跨系统间的功能集成仍相对较弱，无法支持业务的高效及共享应用。

4. 协同化、智能化应用水平低

1）多学科协同应用推进难

油气藏研究涉及学科多、成果来源多，各专业之间多采用"接力赛"的研究模式，缺乏统一的协同研究平台，地震、地质、油气藏开发动态研究不能有效协同，各专业研究成果不能有效互证，成果传递和利用效率低，三维模型成果与平面工业化成图脱节。急需攻关多源多学科协同研究技术，实现油气藏多源、多学科协同研究，提高研究效率和成果精度。

2）跨专业综合决策支撑能力弱

充分利用油田开发积累海量数据能力弱，大数据分析模型构建困难，从数据中高效获取有用数据，通过深加工并最终得到有效信息，提高剩余油挖掘精准度的链条还需要持续加强和攻关，以增强油气藏稳产基础，减缓油气藏递减。

3）智能化应用程度低

经过多年的建设，大港油田在油藏、井筒、地面、经营等方面开展了大量的智能化应用试点，虽然在油水井智能分析、站库安全预警、生产经营统一化优化模型等方面取得了一定的成效，但点多面广、局部应用，规模效应没有体现，同时各种智能化算法及模式的实用性有待进一步的优化，均需开展大量的工作，进一步提升智能化应用程度。

五 应对策略

针对主营业务和信息化建设所面临的形势及挑战，必须要有针对性地开展应对措施，破解各类问题及困难，加快推动数字化转型智能化发展步伐，助力油公司模式改革，推动大港油田高质量、可持续发展。

1. 持续夯实基础设施承载能力，支撑公司数字化转型智能化发展

全面开展城域网、生产网和办公网的升级改造，构建有线无线一体化的生产专网，应用 IPv6 协议技术，从而平滑演进至下一代企业园区网络，逐步实现远程管控、质量感知、业务随行、自治自愈。

优化云数据中心架构，扩容基础设施资源，实现资源云化共享、灵活划分，构建高性能的基础设施云集群，有效提升业务应用系统的开发、部署、运维管理效率。

开展网络安全防护体系进行统筹建设，建立统一督导协调机制促进"安全协防"，构筑油田公司的网络安全纵深防线，提升网络安全监测预警和攻击溯源能力，提高整体风险管控能力。

通过夯实基础设施承载能力，实现承载范围及安全能力的全面提升，为大港油田数字化转型智能化发展奠定坚实的基础保障。

2. 深入开展油气生产物联网建设，助推油公司模式改革

进一步推广低成本物联网技术，实现油气水井、管线、站库物联网全覆盖，开发集输管网流量控制、交接油计量、站库自动化控制等物联网技术，实现地面生产设施远程自动控制。攻关井下永久性监控、井下分注等物联网技术，实现物联网到井下的延伸，提升油藏感知与控制能力。

基于油气生产物联网建设，优化现有组织机构与管理流程，推动核心业务数字化管理，助推油公司模式改革，实现油田公司数字化转型。

3. 强力推进数据集成建设，支撑油田公司业务一体化战略

进一步开展数据管理能力提升，基于数据湖技术，强力开展地震、钻完井、分析化验、油气生产、物联网实时数据、地学模型、经营管理不同领域的数据集成，建立油田公司全域数据资产生态系统，实现油田公司跨专业、跨领域数据集成。

基于数据湖资产数据，开展勘探开发信息系统建设，建立跨领域的集成应用，实现多专业数据共享，推动油田公司地质工程一体化、技术经济一体化战略。

4. 有效建立勘探开发协同研究环境，实现油藏研究全流程一体化协同

在专业软件云基础之上，建立贯通勘探开发研究全流程，实现"地球物理—地质研究—油藏开发—油气生产—工程设计"全业务科学研究的数据集成、知识融合、任务协同。

基于勘探开发协同研究环境，实现基于模型的地震、地质、油藏、工程工艺多学科协同研究，推动多学科研究效率和水平。

5. 构建完善的云平台开发模式，实现敏捷开发满足业务灵活变化需求

应用新一代的 PaaS 平台开发技术，建立云平台开发模式，设计面向勘探开发的微服务框架，丰富业务中台技术资源，实现应用系统快速迭代开发及系统集成功能共享。

通过建立面向油气行业的智能云平台，加速系统开发效率，推动系统功能模块的共享，减少重复开发工作，满足油田公司业务的快速发展变化需求。

> **小贴士**
>
> PaaS 平台：Platform-as-a-Service：平台即服务，能将现有各种业务能力进行整合，提供了应用程序的开发和运行环境。PaaS 通过 IaaS 提供的 API 调用硬件资源，向上提供业务调度中心服务，实时监控平台的各种资源，并将这些资源通过 API 开放给 SaaS 用户。

6. 加大探索人工智能技术应用，实现勘探开发全领域智能分析应用

突破传统地质理论、采油工程理论，探索大数据分析与人工智能技术在油气藏类比分析、地质统层、构造储层智能分析、产量预测、故障诊断等方面的应用，实现开发方案的自动编制、措施方案的智能优选、油藏动态的智能分析、举升工艺的智能优化等。

通过人工智能技术的应用，提升应用系统智能化应用水平，提高探井成功率与油气藏开发效益，实现油田公司高质量发展。

第二节　数字化转型蓝图设计

为践行"共享中国石油"信息化发展战略及"一个整体、两个层次"的整体部署，中国石油以"两统一、一通用"（统一数据湖、统一技术平台，通用应用和标准规范体系）为目标，建成了国内油气行业主营业务第一个共享智能平台——勘探开发梦想云，形成了"一朵云、一个湖、一个平台、一个门户"的智能应用生态（图2-2-1）。该平台明确了从数据、运行环境、服务中台、应用前台技术规范标准，为开发者和业务用户提供了共享能、服务工具，提升了开发效率、降低了应用开发成本，支撑油气勘探、油气开发、协同研究、生产运行、经营决策、安全环保、工程建设、油气销售八大通用业务应用一体化运营，为油气田企业智能油田建设指明了方向和道路，推动油气田业务全面进入"厚平台、薄应用"的信息化建设新时代。

> **小贴士**
>
> 一个整体、两个层次：一个整体即建设中国石油统一的云计算及工业互联网技术体系；两个层次即支撑中国石油总部和专业板块两级分工协作的云应用生态系统建设。

中国石油梦想云的发布为油气田企业信息化升级发展指明了方向，在此背景下，大港油田基于国家"信息化和工业化融合"框架和梦想云集成共享应用架构，提出了从数字化到数智化转变的技术构想，详细规划了数字化转型智能化发展蓝图及应用场景，展望了大港智能油田未来发展方向。

图 2-2-1　勘探开发梦想云架构

一　设计思路及目标

以网络强国战略思想为指导，遵循中国石油总体信息规划和勘探与生产信息化顶层设计，紧紧围绕大港油田"12345"战略部署，按照"整体设计、分步实施、试点先行、规模推广"的工作思路，突出"数据驱动、流程优化、组织变革、模式重构"的重点工作，推动"油公司"模式深化改革，全面开展大港油田智能油田蓝图设计。

围绕中国石油全面建成"数字化、自动化、协同化、智能化"世界一流智能油气田的总体目标，大港油田按照"先行先试、适度超前"的原则，"十三五"末全面建成数字油田（油气生产物联网实现100%覆盖、建成区域数据湖、数据全面共享、同步开展通用业务系统建设、开发配套特色模块等），"十四五"末基本建成智能油田（智能应用基本覆盖全业务领域、智能生态运营模式基本实现、基本建成智能油气田）、"十六五"末初步建成智能油田（智能感知、智能控制、智能预警、智能处理、全面协同、智能分析与决策）的建设目标，数字化转型智能化发展建设目标如图 2-2-2 所示。

```
中国石油                                              大港油田
┌─────────────────────────┐              ┌─────────────────────────┐
│   全面建成智能油气田      │              │   全面建成智能油气田      │
└─────────────────────────┘              └─────────────────────────┘
 ➤ 智能应用全面覆盖完整业务领域   "十六五"    ➤ 智能应用全面覆盖完整业务领域
 ➤ 智能生态运营模式全面实现    2026—2035年   ➤ 智能生态运营模式全面实现

┌─────────────────────────┐              ┌─────────────────────────┐
│   初步建成智能油气田      │              │   初步建成智能油气田      │
└─────────────────────────┘              └─────────────────────────┘
 ➤ 业务应用提升完善         "十四五"      ➤ 业务应用提升完善
 ➤ 智能化服务能力持续增强   2021—2025年    ➤ 智能生态运营模式初步实现
 ➤ 初步建成智能油气田                     ➤ 初步建成智能油气田

┌─────────────────────────┐              ┌─────────────────────────┐
│   基本建成数字油气田      │              │   基本建成数字油气田      │
└─────────────────────────┘              └─────────────────────────┘
 ➤ 油气生产物联网实现70%覆盖  "十三五"    ➤ 油水井数字化改造实现100%，站库
 ➤ 建成上游数据湖，数据全面共享 2019—2020年   数字化实现50%
 ➤ 建成智能共享云平台                     ➤ 初步建成区域数据湖，数据全面共享
 ➤ 建成六大领域核心业务应用               ➤ 同步开展通用系统及特色模块建设
```

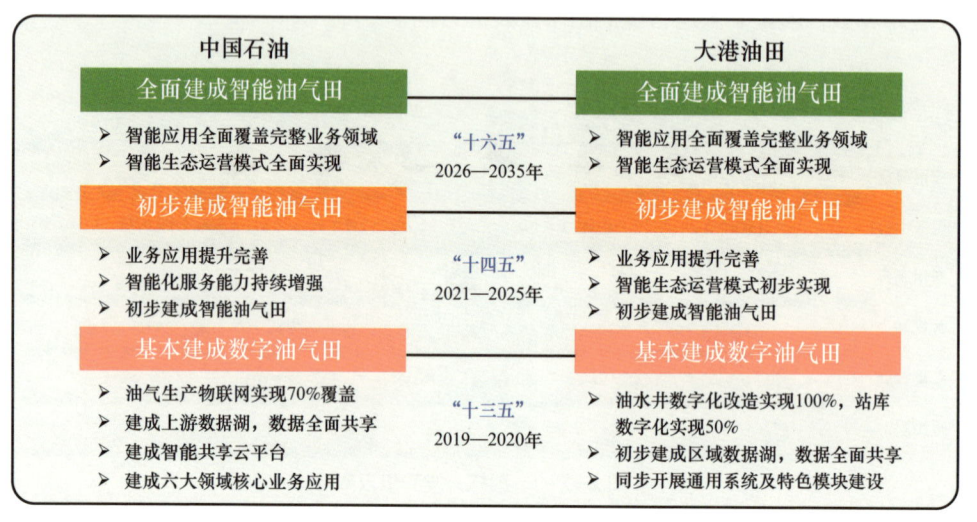

● 图 2-2-2　数字化转型智能化发展建设目标

二　蓝图设计

1. 蓝图设计

基于大港油田信息化建设的现状，遵从中国石油上游信息化"两统一、一通用"的建设原则，围绕油气勘探、开发生产主营业务的具体需求，面向运营决策、技术管理、生产操控等主要层面，以梦想云为基础，构建八大业务应用体系，指导大港油田数字化转型智能化有效开展。大港油田数字化转型蓝图如图 2-2-3 所示。

2. 蓝图简介

1）边缘层

按照专业数据采集标准，对钻、录、测、试油、压裂等数据进行采集；按照 A11 系统标准，通过压力变送器、温度变送器、载荷传感器及无人机、无人机巡检

第二章　数字化转型蓝图

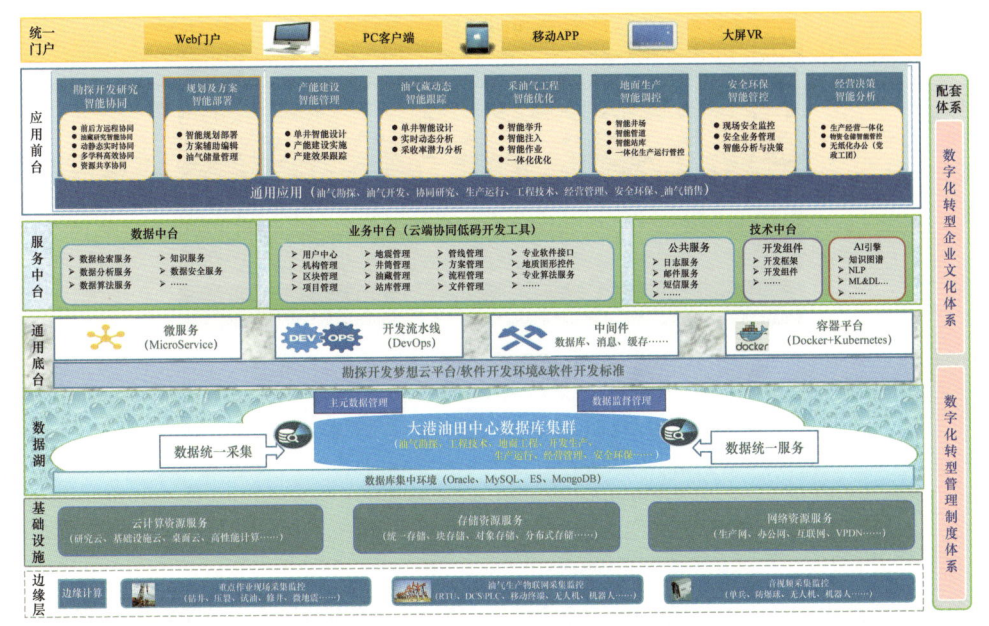

图 2-2-3　大港油田数字化转型蓝图

机器人等前端设备，对井、管道、站库生产数据进行采集和监控；按照视频采集标准，通过摄像头、移动布控球等设备，对作业现场、施工现场、生产现场的音视频信息进行采集和监控。以此基础上，在边缘侧搭建边缘计算服务器，利用大数据分析等技术，配套相应算法进行边缘计算和智能控制。

大港油田音视频采集监控建设遵循油气生产物联网及大港油田油气井视频监控系统建设相关标准，在大港油田工业生产视频监控系统基础上，生产作业管理现场部署单兵、智能摄像机、边缘计算单元、无人机、机器人等设备，运用计算机视觉、深度学习、特征提取等技术，实现边缘计算能力。边缘层计算图如图 2-2-4 所示。

2）基础设施

云计算资源服务：结合 OpenStack、SDN 等技术，对基础设施云进行升级完善，实现云计算资源的自动化运维管理，对各类业务系统提供逻辑隔离的虚拟化数据中心，实现云计算资源的分权分域管理和云内安全管控；利用高性能计算、作业调度等技术，对研究云进行升级整合，进一步提升作业集群性能及用户应用体验（图 2-2-5）。

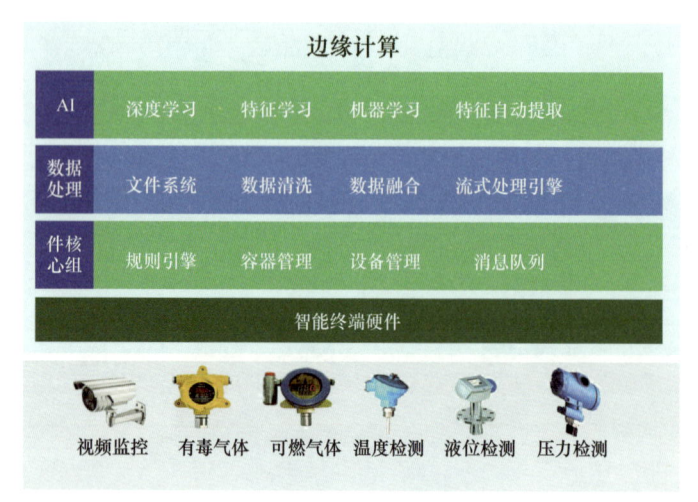

● 图2-2-4 边缘层

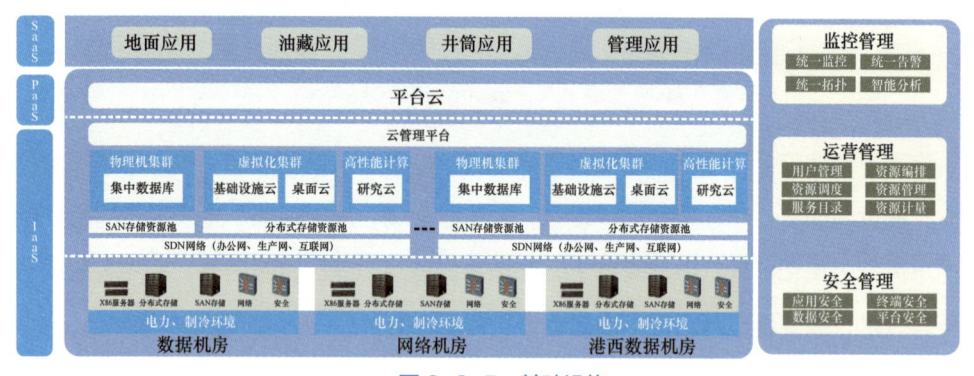

● 图2-2-5 基础设施

存储资源服务：对SAN存储进行整合，实现存储资源的统一共享与管理，对结构化数据库等业务提供服务；搭建分布式存储资源池，针对地震数据、办公文档等非结构化数据及云平台等业务，提供高性能、高可靠、易扩展的存储服务。

网络资源服务：利用IPv6、SDN、安全准入、IVI翻译等技术，构建物理隔离的生产网络，实现生产数据的专网专用；紧跟无线技术发展，结合5G技术的发展，切片分组构建独立专用无线网络，高效承载生产业务；共享运营商资源，发展VPDN业务，在运营商基站范围内，安全可靠的接入生产数据，扩展覆盖范围。

3）数据湖

大港油田区域数据湖建设，按照勘探开发梦想云和连环湖架构设计，大港油田区域数据湖建设主要从数据的采、存、管、用四个方面进行规划设计；主要开展数据统一采集、中心数据库、主元数据管理、数据监督管理、通用数据应用、数据统一服务和数据库集中环境等建设。在区域数据湖建设过程中，将攻克数据采集技术、数据集成技术、数据可视化技术及数据中台技术攻关与落地应用，实现数据一次性采集、标准化入湖和统一数据服务（图 2-2-6）。

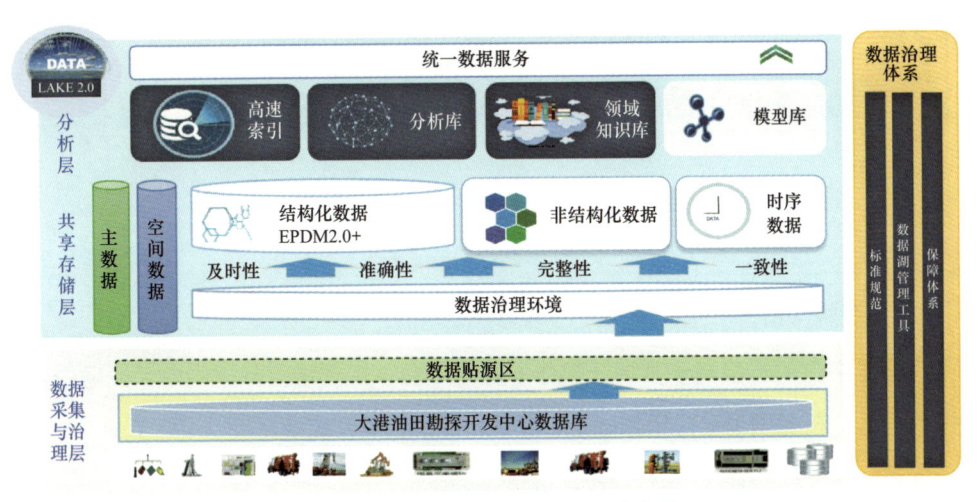

● 图 2-2-6　大港油田区域数据湖架构

4）通用底台

大港油田按照梦想云技术架构搭建通用底台，通过容器技术保证系统开发的标准化，通过服务编排实现运行环境的自动化运维和快速交付，避免了传统方式的应用系统运行复杂、交付周期较长等问题。通用底台如图 2-2-7 所示。

PaaS 平台资源的容器是基于操作系统的虚拟化，与 IaaS 基础环境实现解耦，平台自身的实现多数是应用较广的开发框架和标准 API，能够有效提升资源管理水平、避免厂商绑定。同时，合理调整单个操作系统之上容器密度的有效部署，可以更好提升资源使用率，降低硬件采购成本。通过运行环境的标准化可做到对技术路线的精细把控，做到统一不同项目组的技术研发路线；通过部署工具的统一可以做到 CI/CD 思想的有效落地实施及提升软件研发过程的质量把控水平。

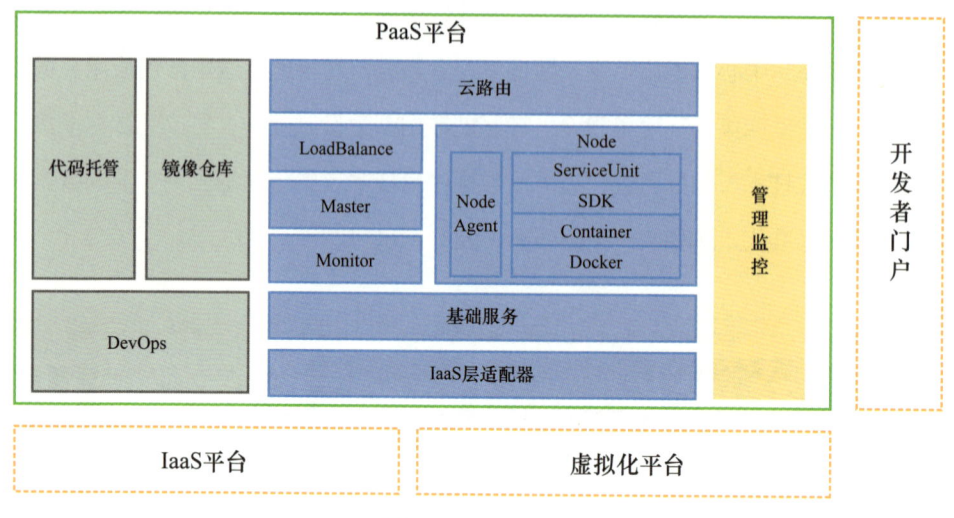

● 图 2-2-7　通用底台

5）服务中台

服务中台的建设基于梦想云整体的服务中台，主要涵盖数据中台、业务中台、技术中台，在通用中台应用基础上，开展相应的扩展及完善（图 2-2-8）。

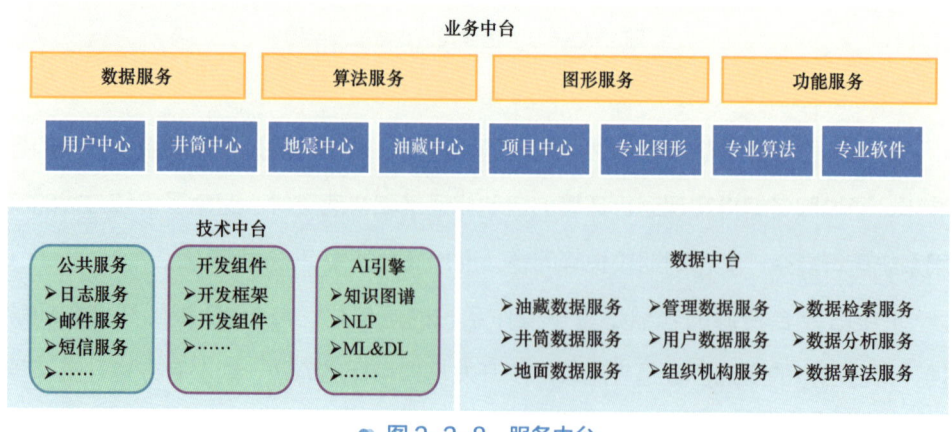

● 图 2-2-8　服务中台

数据中台基于数据湖、大港油田区域湖，通过汇聚的数据资产，开展相应的数据治理及数据服务，提供各类主题数据服务、行业知识图谱、大数据分析、智能检索等资产价值化服务。

业务中台是专业属性最强的中台，与行业结合最为紧密，在梦想云通用业务中台服务基础上，进一步将大港油田所涉及的数据、规划、流程、逻辑等按照前端应用的需要，封装整合成可复用的微服务、组件等，支撑开发应用场景的共建、共享；通过管理流程化及功能模块化，支撑上游业务深化改革及业务流程再造。

技术中台在梦想云提供的通用服务及组件基础上，针对大港油田业务所涉及的专业图形、不同业务算法、通用工具等，整合形成可以共享技术组件；在数据的支撑下、业务微服务的调用下、实现相关计算、图形、报表等结果的快速计算，最终通过业务微服务向前端用户进行呈现。

6）应用前台

大港油田在梦想云八大类通用前台应用基础上，结合大港油田具体需求及特色应用，形成了大港油田智能油田八大应用模块，主要包括：勘探开发智能协同研究、规划及方案智能部署、产能建设智能管理、油气藏动态智能跟踪、采油气过程智能优化、地面生产智能调控、安全环保智能管控、经营管理决策智能分析。

应用一：勘探开发智能协同研究。

持续开展专业软件云、综合项目数据库、研究成果管理等项目建设，打造勘探开发全业务链协同研究环境，提升支撑主营业务科研生产服务能力。在数字化转型过程中，基于云计算技术、多学科协同技术、数字孪生技术、人工智能技术和物联网技术等方面攻关，推动数字孪生模型、多学科协同研究、前后方协同分析和多因素智能研究等方面项目建设与落地应用，全面支撑战略选区及勘探部署、盆地/圈闭/油气藏评价、精细油藏描述研究、钻完井设计及随钻分析、井位优选及论证、开发/调整方案研究等勘探开发协同研究工作（图2-2-9）。

应用二：规划及方案智能部署。

在多学科系统研究及油藏模型实时更新基础上，实现油气藏中长期发展规划、年度计划、开发方案等智能辅助编制；同时，实时更新研究成果、开展方案评价，实现规划部署的动态并及时调整，为油田持续稳定发展提供智能化规划及方案的辅助决策支持。规划及方案智能部署规划架构见图2-2-10。

应用三：产能建设智能管理。

在规划及方案智能部署下，形成产能建设一体化智能管理环境，实现从方案部署、井位设计、产建实施、效果跟踪的全过程实施管理，及时分析方案部署及井位设

● 图 2-2-9　勘探开发智能协同规划架构

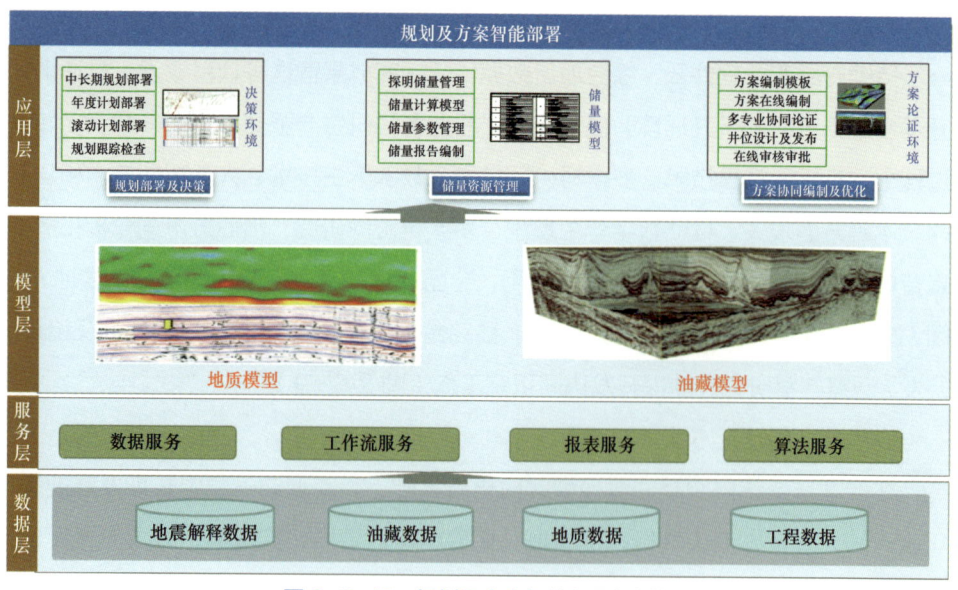

● 图 2-2-10　规划及方案智能部署规划架构

计情况，实时跟踪产能建设具体进展，优化产能建设相关环节；同时，实时对比分析方案设计及实施效果，对偏离方案设计及时纠偏，全面提升产能建设效率及效益。产能建设智能管理规划架构如图 2-2-11 所示。

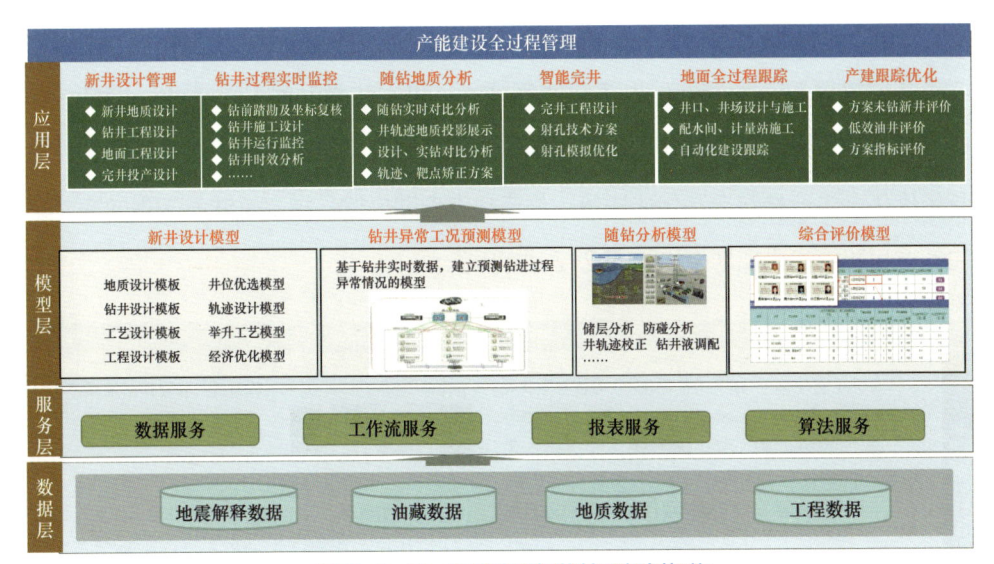

图 2-2-11 产能建设智能管理规划架构

应用四：油气藏动态智能跟踪。

实时跟踪油气藏开发状态，辅助油气藏配产配注、指标监控、开发分析、潜力分析、综合评价等油气藏管理业务智能化开展，推进可视化场景下油气藏开发动态的主动分析、异常诊断及措施建议，提升油气藏开发效果。油气藏动态智能跟踪规划架构如图 2-2-12 所示。

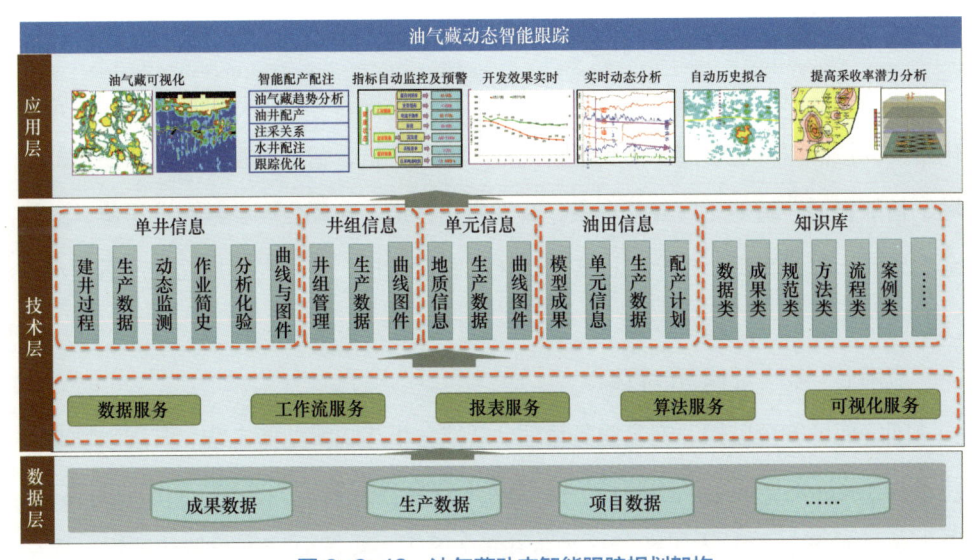

图 2-2-12 油气藏动态智能跟踪规划架构

— 87 —

应用五：采油气过程智能优化。

应用物联网、大数据、人工智能等技术，进一步提升举升、注水、措施、作业、测试等采油气工程业务智能化水平，实现井筒状态自动感知、井筒工况自动诊断和优化、生产参数自动优化决策、生产状态自动操控，提高采油气工程效率。采油气过程智能优化规划架构如图2-2-13所示。

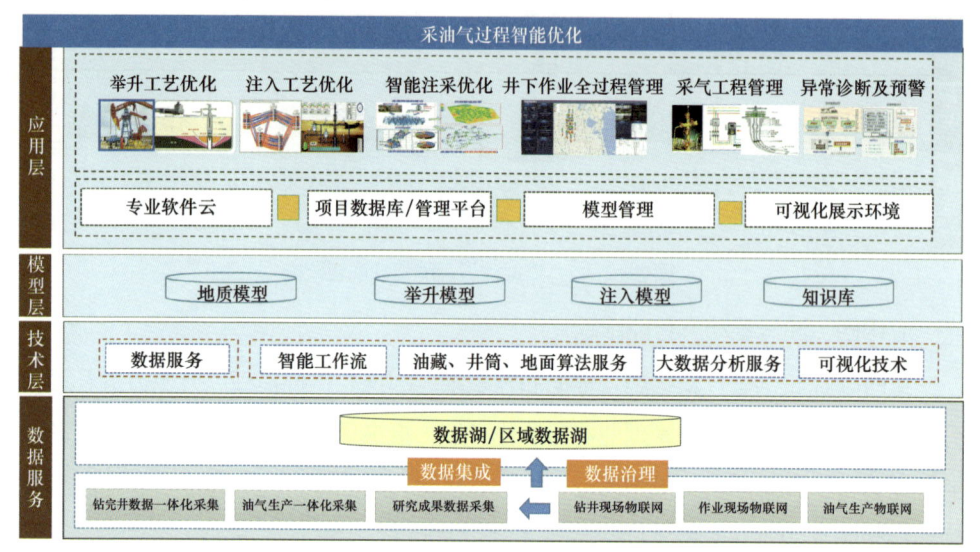

图2-2-13 采油气过程智能优化规划架构

应用六：地面生产智能调控。

采用物联网、大数据、人工智能技术，持续开展井、管道、站库数字化、智能化建设，按照"井站管道一体、远程监控、自动分析、智能操控"模式打造智能井场、智能管道、智能站库业务场景，实现井、管道、站库生产参数自动采集，动态全面感知、趋势预测、生产过程实时优化和智能调控，有效提升地面生产管理水平（图2-2-14）。

应用七：安全环保智能管控。

围绕现场安全监控、安全业务管理、智能分析与决策业务主线，开展以物联网技术为主的HSE现场风险监控、互联网+安全环保管理为主的HSE业务管理；以大数据和云计算及人工智能技术为主的HSE大数据分析等智能化建设，提高

QHSE本质安全管理能力，减少安全事故及环保事件，为企业可持续高效发展提供基础支撑（图2-2-15）。

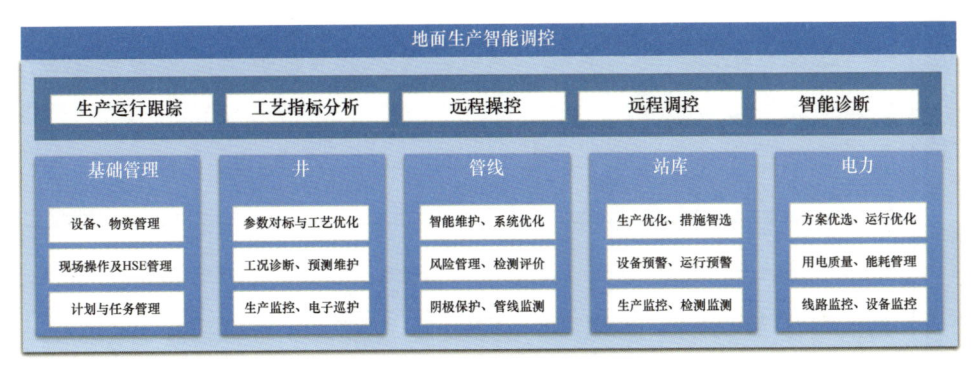

● 图2-2-14　地面生产智能调控

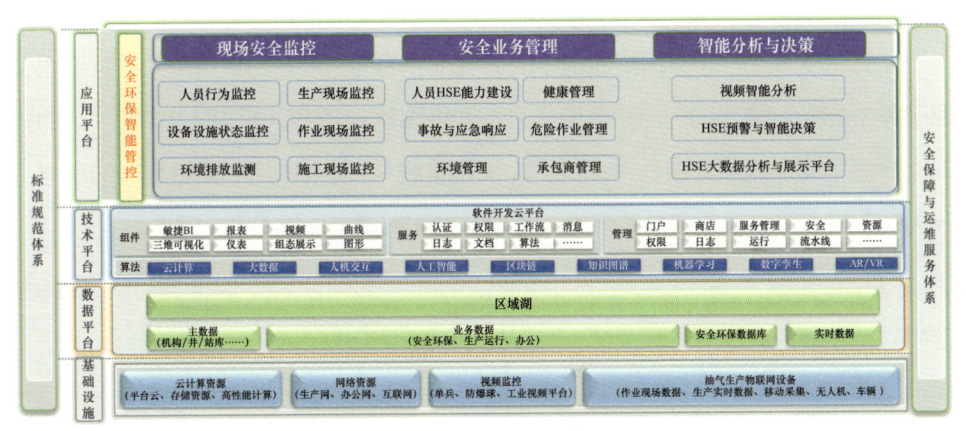

● 图2-2-15　安全环保智能管控规划架构

应用八：经营管理决策智能分析。

按照大港油田"提效率、增效益"的总体目标，以生产经营一体化建设为核心，物资设备为保障，综合办公、移动应用两大平台为支撑，利用业务流程建模、移动应用和系统集成技术，逐步建立涵盖油田公司、所属单位及基层单位经营管理、综合办公在内的全面、集成、共享和协同运作的智能决策环境，实现生产经营一体化管理、物资仓储物流智能化管理、综合办公业务无纸化及移动化管理。经营管理智能分析规划架构如图2-2-16所示。

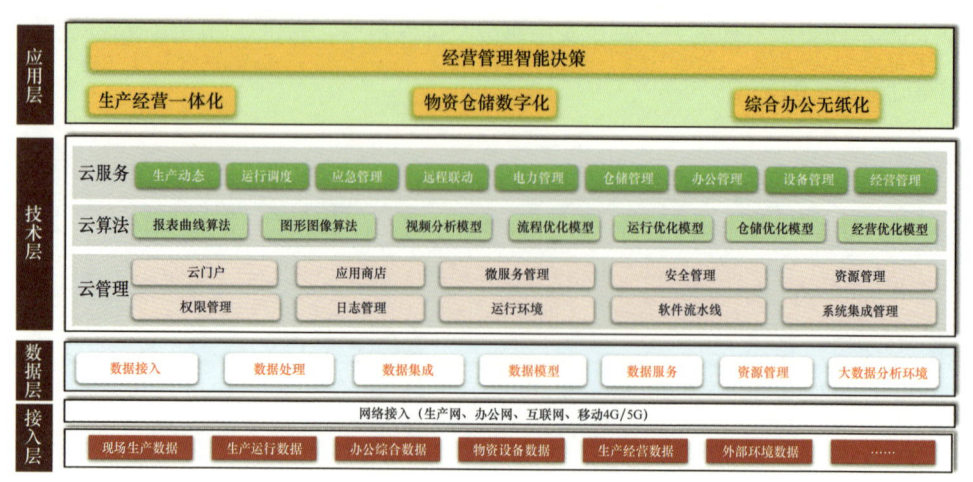

图 2-2-16　经营管理智能分析规划架构

7）统一门户

在关注技术平台与数据集成统一的情况下，面向大港油田最终用户的展示也实现了集中统一。建立统一门户框架，为不同终端建立了 SSO 门户，实现"人的集成、界面集成、流程集成、消息集成、应用集成"，向全体用户提供统一的信息资源访问入口，并根据用户角色不同，提供个性化的服务（图 2-2-17）。

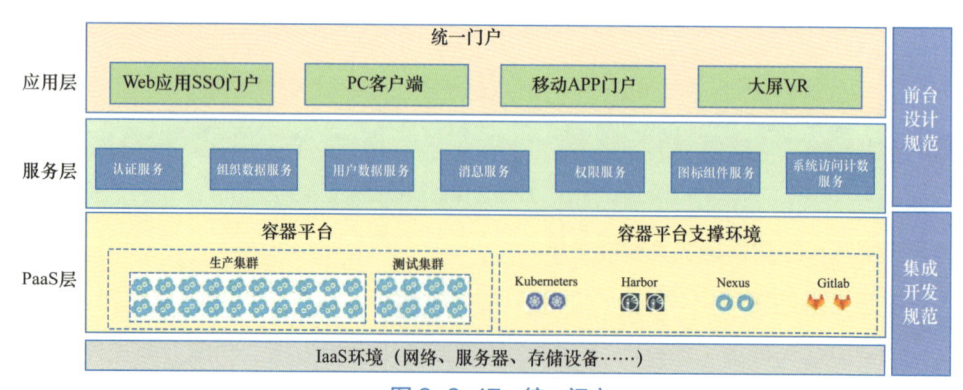

图 2-2-17　统一门户

利用梦想云用户中心业务中台，打通 Web 门户、PC 客户端、移动 APP、大屏 VR 等各类应用的用户身份管理，实现了各类终端用户身份标识的统一，为系统开发建立了标准、业务集成共享奠定了基础。在服务层建立消息中心，提供消息提醒、新闻公告、报表展示等微服务，各业务系统在集成后实现了消息的统一管

> **小贴士**
>
> SSO：单点登录（SingleSignOn），是通过用户的一次性鉴别登录。当用户在身份认证服务器上登录一次后，即可获得访问单点登录系统中其他关联系统和应用软件的访问权限，意味着在多个应用系统中，用户只需一次登录就可以访问所有相互信任的应用系统。

理。在应用层，制订了统一的前台设计规范，保障了各业务系统在前台框架和颜色字体的统一。各业务系统通过服务化与组件化，按照面向方面编程思想进行开发、改造，实现了业务功能的跨平台复用，在降低开发费用的同时，提升了系统的可维护性。

第三节 实施计划与保障措施

一、实施计划

根据"统一规划、分步实施、试点先行、规模推广"的工作原则，按照"优先面上实施数字化升级，同步点上打造智能化应用"的工作思路，实施"试点建设、规模推广、迭代升级"三步走的工作路径，先全面完成数字化升级覆盖，再优选场景智能化应用提升；以第五采油厂港西油田、第六采油厂羊三木油田为试点，建设"自主感知、自主学习、自主诊断、自主操控"的油田，打造东部复杂断块智能油田示范，为大港油田规模推广提供样板，力争"十四五"末基本建成国内一流数智油田（图2-3-1）。

第一阶段，试点建设阶段（2021年1月—2022年6月）。按照试点先行的原则，大港油田梦想云配套实施方案以第五采油厂和第六采油厂为内部试点单位开展建设。完成配套业务流程、组织机构改革，建成新型油田作业区；同步推进大港油田数据治理和井站库的智能化升级改造，形成大港油田数字化转型1.0版本。第五采油厂是"油公司"模式改革试点单位，具有较好的信息化基础。第六采油厂规模适中，数字化程度较好。

第二阶段，规模推广阶段（2022年7月—2023年12月）。试点建成后将形成数字化转型智能化发展1.0版本在大港油田进行全面推广建设。

第三阶段，迭代升级阶段（2024年1月—2025年12月）。总结、提升、完善，形成数字化转型2.0版本，基本建成智能油田。

在"十四五"末基本建成智能油田的基础上，通过"十五五"的全面推广、普及及完善，在"十六五"末全面建成智能油田，实现智能应用覆盖全业务领域、智能生态运营模式全面普及并全面建成智能油田。

图2-3-1　数字化转型智能化发展实施计划

二　实施策略

智能油田的建设是一项系统工程，需要科学设计、精准施策、有序推动，建立按照"分析现状定规划、细化规划分层级、试点建设定模板、规模推广再提升"的举措推动具体实施。

分析现状定规划：找出数据孤岛、数据共享、业务协同、生产方式、经营分析等方面存在的问题和差距，结合大港油田发展战略，制订转型发展顶层设计框架和整体发展规划。

细化规划分层级：针对整体规划纵向分级按照大港油田、新型油田作业区两级数字化转型，结合数字化智能化场景，制订试点单位实施方案，并同步推进公司地面数字化改造、数据治理、IT基础设施完善等转型发展的基础支撑工作。

试点建设定模板：根据转型方案，在具备条件的采油厂进行试点建设，从数字化技术、业务模式、组织机构、经营管理等方面总结形成数字化转型模板。

规模推广再提升：按照试点建设模板组织开展全面推广建设，显著提升数字化转型的规模效益；根据规模推广情况，总结问题与经验，推动数字化转型的标准模板版本升级，形成PDCA良性循环持续改进并得到有效提升。

> **小贴士**
>
> PDCA是Plan（计划）、Do（执行）、Check（检查）和Act（处理）的首字母组合，PDCA循环就是按照这样的顺序进行管理，并且循环不止地进行科学程序。

三 保障措施

1. 各层级领导高度重视，建立健全项目组织保障体系

数字化转型智能化发展建设工作涉及公司勘探、开发、生产、经营等领域，任务十分艰巨，是公司促进高质量发展的一项重大举措。成立以大港油田主要领导为主任、主管领导为副主任的数字化发展智能化转型工作指导委员会；以科技信息处、人事处、企管法规处等各业务处室主要领导为组长的工作小组和专项推动组，整体推进建设工作，并监督考核公司数字转型的推动实施成果。

根据大港油田数字化转型智能化发展整体规划，编制年度项目建设计划，统筹中国石油专项投资和大港油田配套建设，纳入大港油田预算，由各专业部门和信息化部门统筹协调，大力支持，确保资金落实到位。

2. 聚焦技术创新能力，推进自主智能化产品研发

校企协同提升技术创新能力。联合知名院校，重点围绕智能化场景和项目建设，开展产学研合作，形成跨学科、多领域、多维度的技术链生态圈，实现科技创新与成果转化的良性互动。

大力研发"全盛"系列智能化产品。引入战略合作伙伴，组建联合团队、成立研发中心，增强仪器仪表的智能化水平，形成前端"盛联"、中端"盛智"、后端"盛慧"的数字化产品体系。

根据大港油田数字化转型建设成果，打造"大港"数字化服务品牌，形成涵盖软硬件产品、数据治理、标准规范、管理制度和咨询服务领域等全系列的数字化服务。

3. 推进"油公司"模式改革落地，重构业务流程与管理制度

"油公司"模式落地实施，建设新型油田作业区，构建与"油公司"模式相配套的扁平化组织结构。

建立大港油田数字化业务流程。依据大港油田业务实际与内控流程，根据转型后的要求修订设计流程架构，并通过信息系统进行固化，建立高效的数字化业务流程系统。

建立配套管理制度体系。对大港油田、新型油田作业区、基层一线涉及的体系文件、作业文件、岗位标准规范进行修订，简化业务流程，实现表单化、系统化。

4. 生产管理人员高效赋能，全面建立数字化人才队伍

建立数字化技术人才队伍。通过开展科技攻关、项目建设，建立涵盖高端领军人才、技术专家、技术骨干的数字化人才梯队，信息中心将建成专业化的数字化建设与运维队伍。

建立数字化操作人才队伍。利用 VR、AR 及网络培训等新形式，培训基层员工掌握数字化操作技能，使员工由"操作型"，向"操作+技能型"转变。

建立数字化应用人才队伍。建设应用网络培训平台，培训管理和技术人员熟练掌握数字化系统的操作和分析能力，推动人工智能、虚拟现实、协同工作平台等技术的深度应用。

大港油田宏伟的数字化转型智能化发展蓝图已绘就，随着物联网、大数据、云

计算、区块链、人工智能和移动应用为代表的新一代信息技术加速落地及广泛应用；大港油田将在梦想云环境下，加快推动"油公司"模式的改革落地，加速数字化转型智能化发展步伐，按照一张蓝图绘到底的干劲，将规划变为现实，切实用数字化智能化打造东部老油田改革的典范，推动大港油田高质量、可持续快速发展。

第三章
转型成果及成效

　　大港油田作为梦想云参建方和试点单位，积极推动梦想云应用与开发实践工作。本章详细介绍了 2018 年梦想云上线之后，大港油田在区域湖建设、梦想云中台完善、应用系统云化升级、云化模块开发、协同环境应用建设等方面开展的主要工作。

第一节　区域湖建设

随着智能油田建设的推进，用户对多专业协同、一体化应用的需求越来越强烈。为此，中国石油总部提出了区域湖—主湖连环湖架构，以期实现大港油田全领域数据集成，优化企业数据资产管理，高效支撑一体化、智能化应用，同时为中国石油的数据主湖建设打下基础。

自 2019 年开始，按照中国石油数据湖建设要求，结合本油田实际情况，大港油田积极开展区域湖建设工作，配备了相应的硬件设备，部署了全套区域湖软件，扩展了勘探开发中心数据库模型，打通了勘探开发中心数据库到区域湖数据通道，完成了历史数据迁移。区域湖于 2021 年投入使用，不但为大港油田提供全面、及时、准确、高效的数据服务，同时还向中国石油输送了高质量的基础数据。

一、大港区域湖架构设计

随着梦想云平台建设与投用，区域湖架构为油田数据管理带来了新的视角，为此大港油田结合自身数据管理现状，遵循中国石油区域湖架构，部署了大港区域数据湖。大港区域湖架构如图 3-1-1 所示。

从整体架构上来看，大港区域湖分为数据采集与治理层、共享存储层、分析层三个层次。

数据采集与治理层：基于大港油田原有数据采集、集成体系，通过使用区域湖数据迁移工具，将大港油田勘探开发中心数据库数据同步到贴源区，数据在贴源区进行主数据统一及属性规范代码值转换后，推送到数据治理环境。

共享存储层：数据由贴源区进入数据治理环境过程中，完成大港油田勘探开发数据模型到 EPDM V2.0 数据模型转换。通过配套数据集管理、质量规则管理、元数据管理等工具，提升数据质量，确保进入共享存储层数据的及时性、准确性、完整性和一致性。通过建立集结构化数据、非结构化数据、时序数据、主数据、空间数据于一体的数据存储体系，实现多源异构数据有效集成。共享存储层结构化数据采用 MPP 架构数据库，提供数据关联、分析服务能力；非结构化数据采用 S3 协议存储，包括地震和特殊测井类的数据，便于向主湖同步数据；时序数据由生产网传入办公网，满足大港油田生产监控与指挥应用需求，上传至主湖后，满足中国石油大数据及智能化分析应用需求，空间数据应用中国石油地理信息系统（A4），井、工区、设备、站库、管线将位置信息按照空间数据字段进行管理。

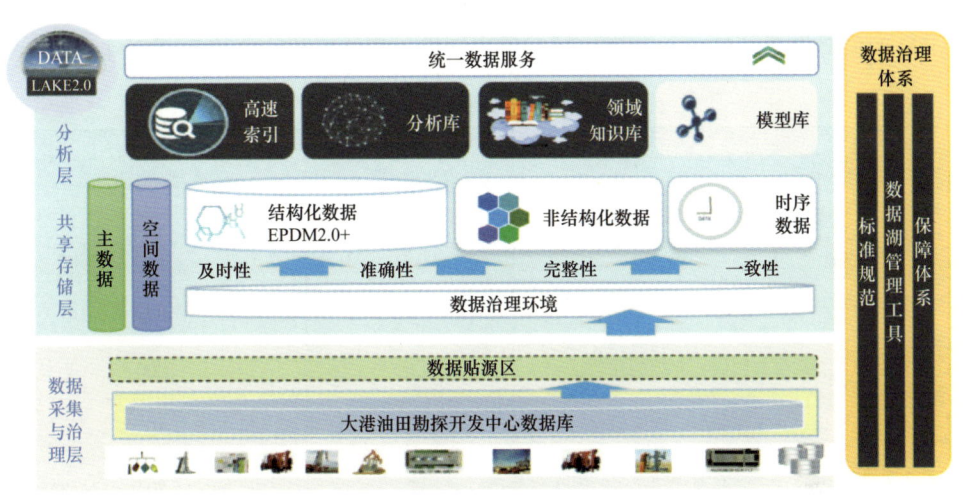

● 图 3-1-1　大港区域湖架构图

分析层：将符合 EPDM V2.0 数据标准的各类数据，推送至 ElasticSearch 企业搜索引擎中，为应用系统提供高效的数据查询服务。同时，基于 Kylin 建立大数据分析环境，使用 Neo4j 实现知识管理，提升了数据分析、知识转化能力。

小贴士

EPDM：中国石油勘探开发数据模型，主要包括基本实体、地球物理、钻井、录井、测井等 18 个业务包。

二 区域湖实施

1. 区域湖环境部署

区域湖的支撑环境主要包括服务器、存储设备和网络交换机等硬件设备，以及基础数据产品、数据湖管理工具、数据治理工具、入湖工具等软件资源。

硬件方面，区域湖主要包括 20 台物理服务器、1 套全闪高速存储设备、1 套 1PB 对象存储集群和 4 台应用管理网络交换机，具体配置和功能见表 3-1-1。

表 3-1-1　区域湖硬件配置表

序号	系统类型	物理服务器 / 台	存储资源 /TB
1	主数据 / 空间数据 / 数据湖管理工具数据	2	10
2	共享存储层—结构化数据	2	30
3	共享存储层—非结构化数据	6	2000
4	共享存储层—实时数据	2	10
5	高速索引	8	20
合计		20	70TB 高速存储 +2000TB 对象存储

数据湖软件资源中，按照中国石油连环湖架构和区域湖建设方案，结合现有中心数据库架构，部署区域湖组件，包括地震存储的 S3 存储组件、时序数据存储的 OpenTSDB 组件、共享存储层 MPP 架构、分析层 ES 等集群和数据入湖管理工具，建立数据入湖正常化机制，实现与中国石油主湖互联互通，为中国石油总部、大港油田两个层级提供数据服务。基础软件产品作为提供基础软件服务的底层资源，包括表 3-1-2 所列内容。

通过对软硬件环境的集成部署，构建出一套资源设施完善的区域湖运行环境，如图 3-1-2 所示。

表 3-1-2 数据湖基础软件表

序号	组件清单	组件类型	用途
1	贴源数据库	Postgre SQL	存放与专业库同构的结构化数据，用于数据治理
2	中间数据库	Postgre SQL	存放与共享存储库同构的结构化数据，用于数据治理
3	主数据库、空间数据库	Postgre SQL	存放组织机构、行政区划、井筒、站库等主数据及空间数据
4	共享存储库	Hash Data	存储结构化数据，提供数据关联、分析服务
5	非结构化数据库	对象存储	存放非结构化数据
6	实时数据库	Open TSDB	存放实时动态数据
7	高速检索数据库	Elastic Search	存放应用数据集
8	分析数据库	Kylin	提供大数据分析、可视化报表等服务
9	平台运行环境	K8s	集群开源的平台，可以实现容器集群的自动化部署、自动扩缩容、维护等功能
10	平台运行环境	LB	负载均衡
11	平台运行环境	HA	高可用
12	平台运行环境	Vip	虚拟 IP

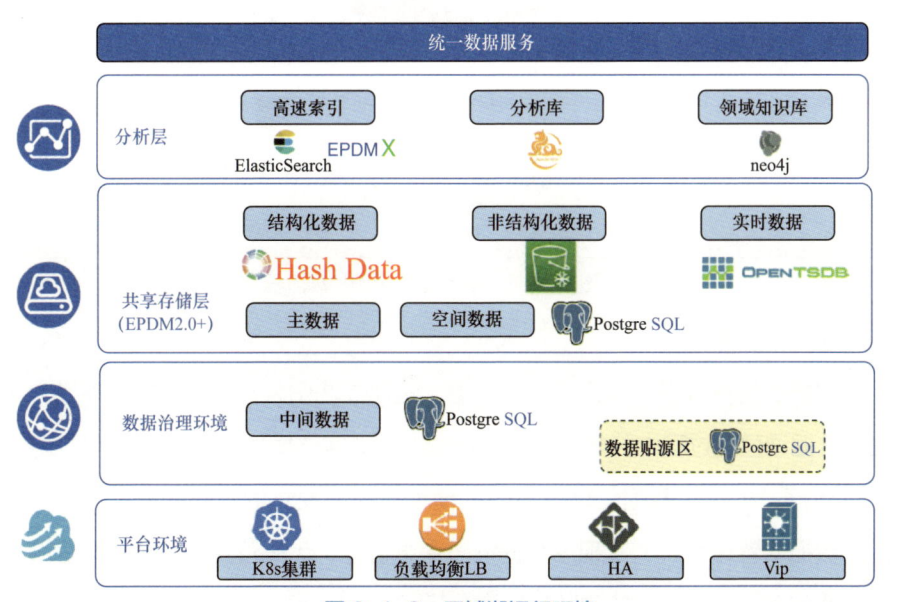

图 3-1-2 区域湖运行环境

2. 区域湖数据模型实施

（1）业务数据模型。

为了满足全业务领域数据需求，大港油田在 EPDM V2.0 数据模型基础上进行扩充。通过对油田业务现状进行调研分析，梳理勘探开发到经营管理业务流程，以及每个阶段具体业务活动。将 EPDM V2.0 数据结构与业务分析抽提出来的数据类型进行对比，确定目前数据库未能管理的业务数据，收集业务数据样例。经业务专家与数据库专家确认后，根据业务需求提出扩充需求，结合 EPDM V2.0 模型规范进行模型设计，同时编写（填写）规定并建立与其他物理表的主外键关系。最后，由中国石油专家审核通过后，进行模型扩充。具体模型扩展流程如图 3-1-3 所示。

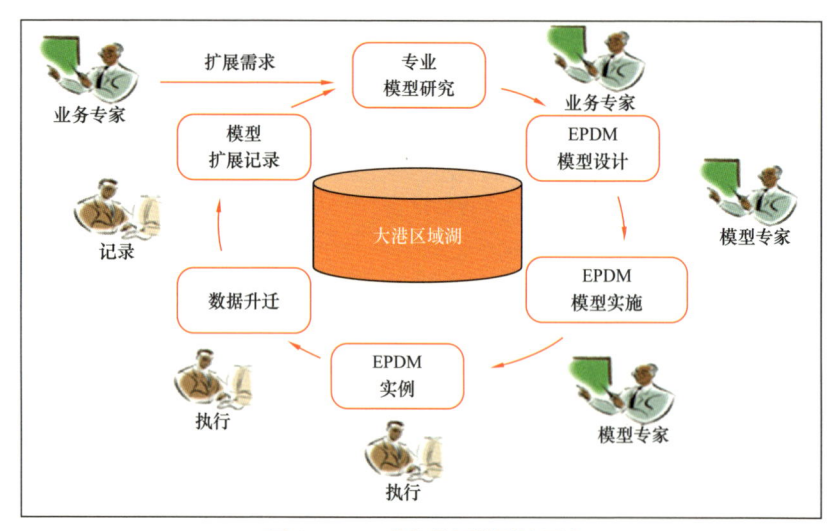

● 图 3-1-3　业务数据模型扩展流程

（2）主数据模型。

主数据是勘探开发业务基本实体数据，是建立油田公司资产列表的基础。大港油田在数据湖建设过程中，参考 EPDM V2.0 核心实体模型，系统规划地质主数据、设备主数据、机构主数据、项目主数据模型，部署独立的主数据库（图 3-1-4）。开发主数据库管理系统，实现主数据统一变更管理、代码管理。基于主数据服务接口，为业务系统提供统一的主数据检索分析服务。

主数据库采用 Oracle 数据库作为支撑，并广泛采用空间数据库技术对油田范围、二级构造带范围、工区范围、井号坐标、管线坐标等空间属性进行空间化管理。通过主数据与业务数据进行外键关联，支撑业务数据检索。同时，借助空间数据分析技术，实现主数据快速地归属分析服务。

主数据管理系统统一提供主数据检索、主数据资产统计、主数据变更、主数据代码管理等功能。

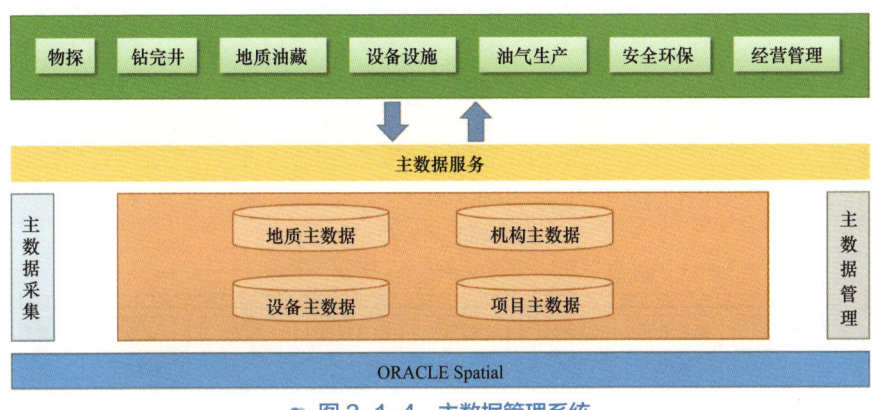

图 3-1-4　主数据管理系统

（3）空间数据模型。

以 ORACLE Spatial 进行构建，统一管理油田范围矿权、工区、地质单元、井、管道、站库、电力线路、光缆等相关空间数据，涵盖勘探开发、地面工程、电力生产、通信保障、应急管理、土地管理等业务（图 3-1-5）。通过统一的二维、三维地图服务及空间数据库引擎（ArcSDE）等公共组件服务，提供地图服务、空间分析、地图操作、三维分析等服务，为油田公司空间信息提供技术支撑。

3. 区域湖管理工具部署

（1）数据模型管理工具。

通过部署区域湖数据模型管理工具（图 3-1-6），解决模型版本无法控制、数据无法溯源等问题，实现数据模型的在线扩充、发布，完成模型与模型之间、模型与实例库之间比对，形成差异比对结果，为数据库及模型管理人员提供直观的维护界面，满足数据模型与数据库一致性的管理要求。同时，还支持视图、存储过程、函数、触发器、序列等不同对象集中统一管理，实现区域湖数据可扩展、可流动、可应用，形成良好数据生态，全面提升业务数据管理水平。

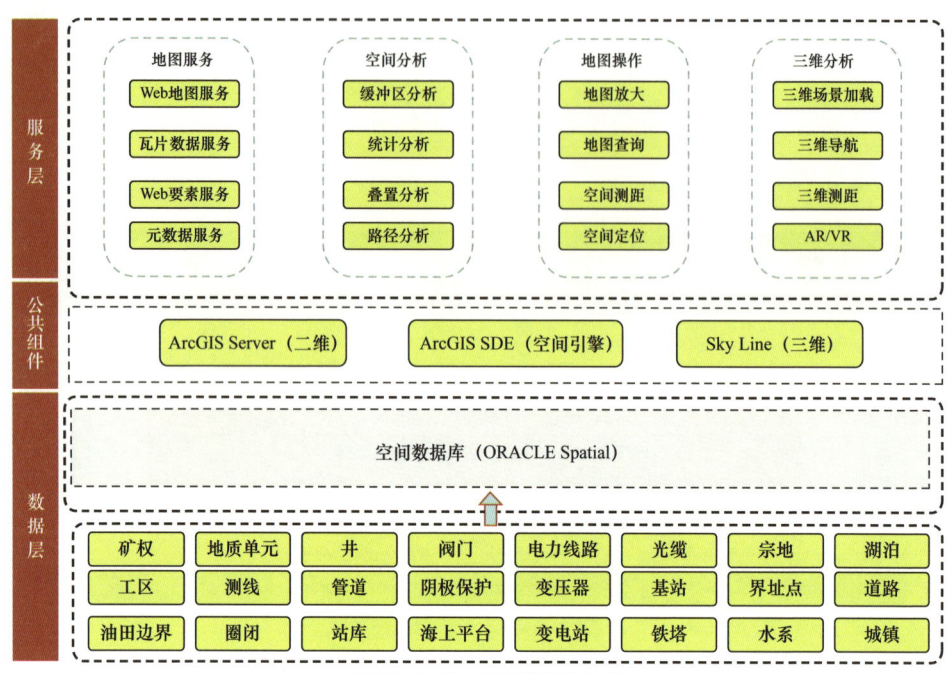

● 图 3-1-5 空间数据库架构

● 图 3-1-6 模型管理工具

（2）数据迁移工具。

数据迁移工具（图3-1-7）是数据管理过程中常用的管理工具，通过部署区域湖数据迁移工具（QDS）实现数据源、数据采集与治理层、共享存储层、分析层之间数据流转及转换。同时，QDS还提供数据迁移过程监控功能，提供数据流转过程图形化、可视化查看功能，流转及报错信息易于读懂，为数据接口后期运维创造有利条件。该工具还具有权限管理功能，支持多人协同工作，大大提高数据接口创建效率，满足大规模数据迁移需求。

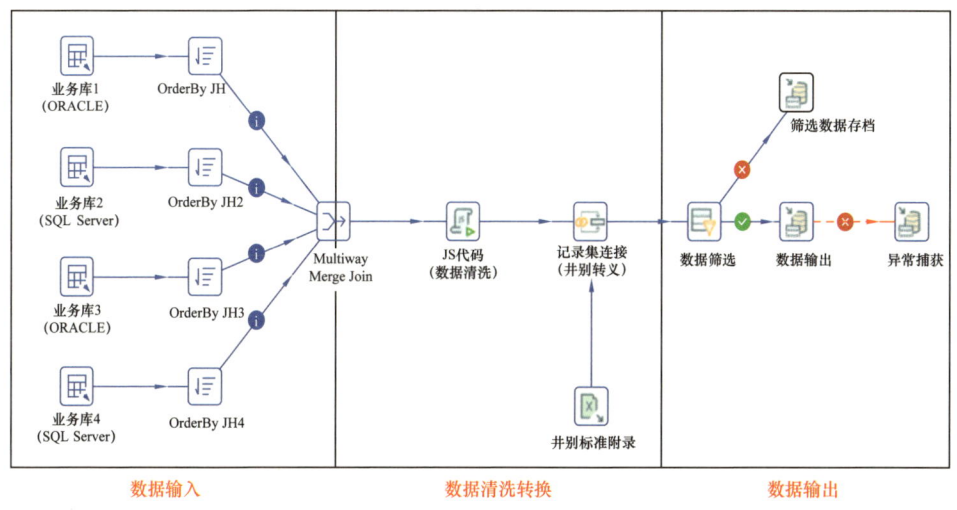

● 图 3-1-7　数据迁移定制界面

（3）数据质量控制工具。

数据质量是数据管理的关键，质量好坏对业务支撑、管理决策有重要影响。在业务梳理、模型设计阶段，对数据在管理上、业务上、结构上提出规范性、及时性、关联性、一致性数据规则。利用区域湖数据质量控制工具，建立从质量标准、质量规则、检查方案、质量公报、质量考核到问题整改一体化的数据质量闭环管理体系，全面跟踪管控数据质量（图3-1-8）。在数据采集入库前、入库后，各环节充分利用质检规则进行数据检查，保障数据质量。同时，基于数据质量控制工具，统一管理数据质量标准、质量规则、质量结果，跟踪质量问题推送、整改、反馈、再检查过程，促进形成数据良性循环生态。

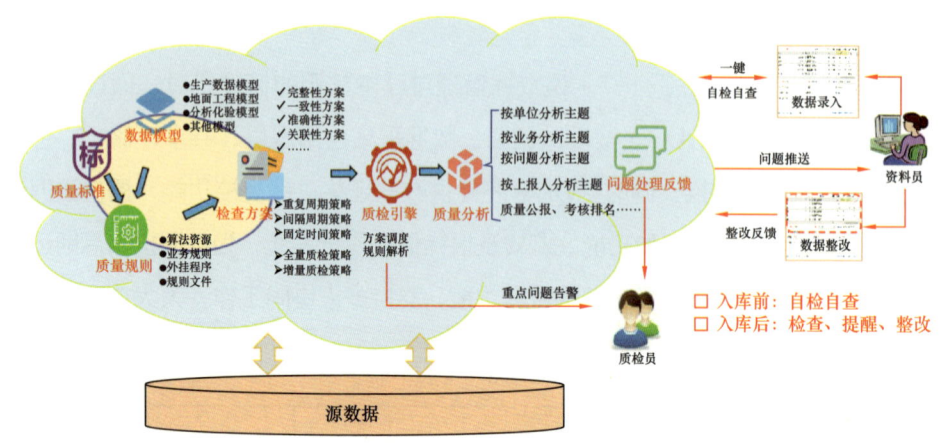

图 3-1-8　数据质量管控流程

（4）数据服务定制工具。

数据采集的最终目标是支持业务应用，通过部署区域湖数据服务定制工具，实现数据服务申请、组织、授权、发布，满足业务用户多样的数据应用需求。用户可以通过数据服务门户入口，检索数据服务目录，查找所需数据服务资源，已有资源直接订阅授权使用，未找到的数据资源可以通过提报数据需求，利用数据服务接口定制、授权与发布集成到服务资源目录，同时通知用户（图 3-1-9）。在数据使用过程中，系统提供完善的权限管理功能，依据油田数据特点和岗位化管理模式，构建以主数据为中心的数据权限管理体系，实现数据资源按需分配，行级授权。

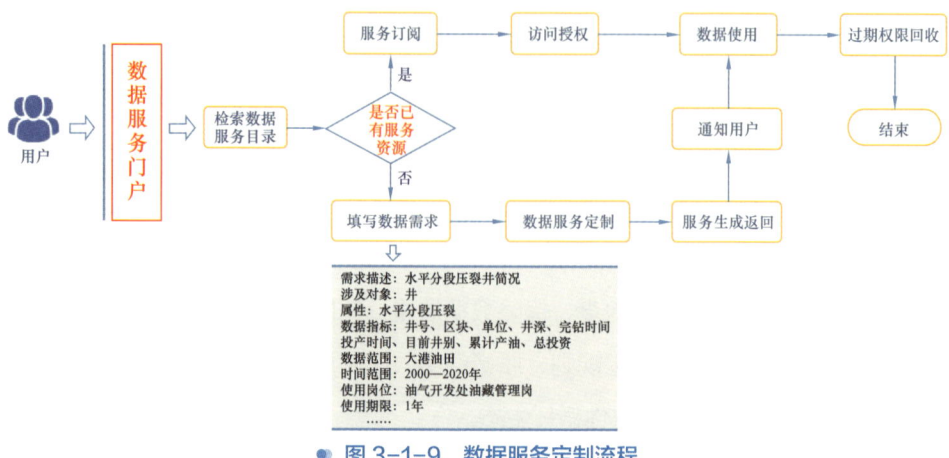

图 3-1-9　数据服务定制流程

— 106 —

三、应用效果

（1）通过区域湖建设，实现油田公司全域数据集成，跨专业、跨领域数据高度共享。

大港油田区域湖是覆盖油田全业务领域的数据集成环境，内容涵盖单井设计、钻井、录井、测井、试油、化验、井下作业、油气生产、监测、单井地质、矿权储量、采油与地面、地震辅助、生产运行、勘探生产、经营管理、安全环保、钻井/压裂实时等 22 个业务领域，共计 1996 张表，69647 个字段（图 3-1-10）。

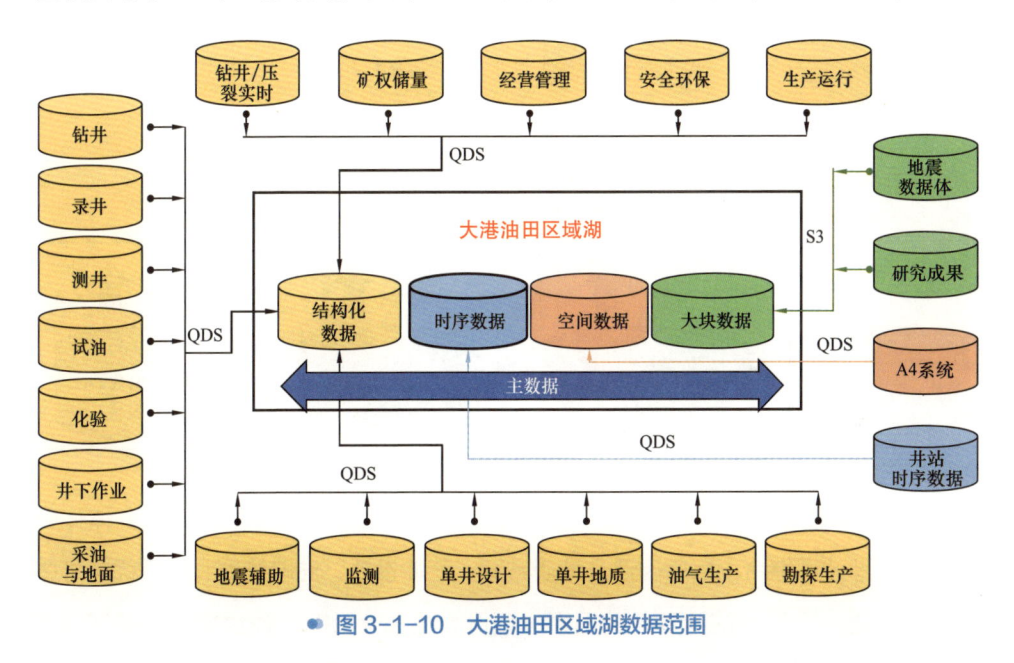

● 图 3-1-10　大港油田区域湖数据范围

大港油田在 EPDM V2.0 基础上主要扩充了钻井/压裂实时、矿权储量、经营管理、安全环保、生产运行五个专业。

① 钻井/压裂实时：主要包括随钻钻井工程数据、录井仪器实时数据、LWD/MWD 数据、压裂施工工程数据、实时裂缝监测数据。

② 矿权储量：主要包括探矿权、采矿权分布范围及位置信息。

③ 经营管理：以大港油田生产经营一体化数据模型为基础，主要包括 FMIS、

ERP、司库、合同、EAM 等经营管理类核心数据。

④ 安全环保：主要包括个人行动计划、承包商管理、特殊风险作业、安全环保项目 4 类数据。

⑤ 生产运行：主要包括油田动力运行、电力运行、原油销售、储气库管理等数据。

大港油田区域湖通过主数据，有效关联中心数据库钻完井、油气生产、采油工艺、地面设施、经营管理、安全环保数据，同时与地质油藏模型数据、地震数据体等非结构化数据进行了关联，实现跨专业、跨领域数据集成（图 3-1-11）。

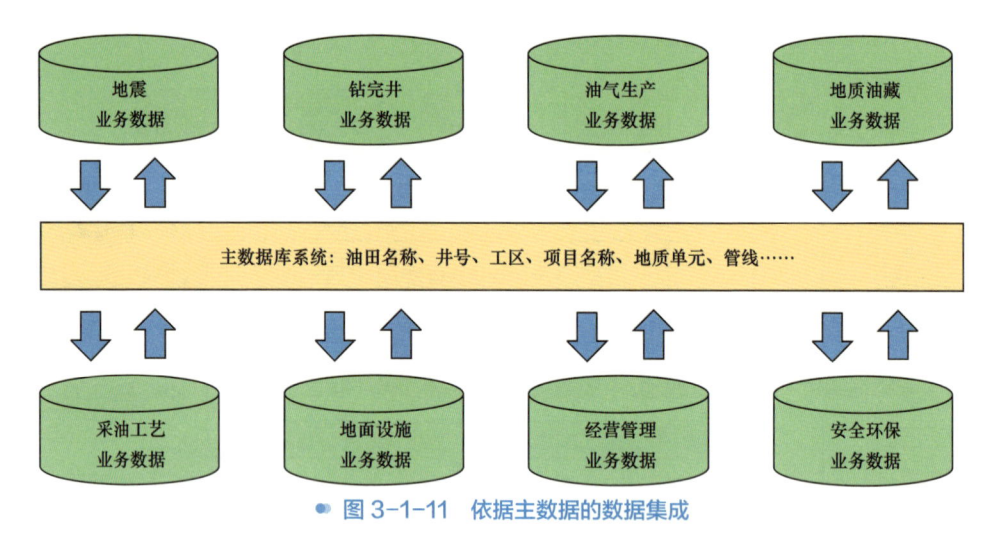

● 图 3-1-11 依据主数据的数据集成

大港油田数据湖有效推动跨领域、跨专业数据共享，支撑大港油田一体化应用，如大港油田综合项目库因涉及地质方案、产能设计、油藏管理、举升优化等多个业务，是一个典型的跨专业数据集成项目（图 3-1-12）。通过接入数据湖，为业务人员提供"一站式"数据服务。

（2）基于区域湖架构，实现油田企业数据资产化管理，有效保护企业数据资产。

在区域湖建设过程中，大港油田利用 QDS 数据迁移工具（图 3-1-13），建立了 3100 多个数据传输接口，将 18 类结构化数据从源数据层同步到数据采集与治理层，再经过共享存储层最终进入分析层，数据量超过 200TB。同时，数据通过连环湖架构，同步到中国石油主湖，为中国石油总部级数据分析及应用提供数据。

● 图 3-1-12　跨专业单井数据资产清单

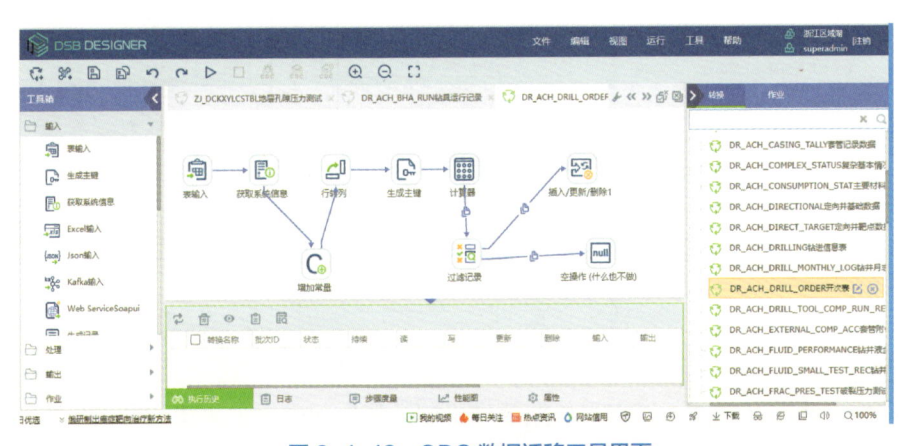

● 图 3-1-13　QDS 数据迁移工具界面

在数据采集与治理层，通过区域湖质控工具对大港油田专业数据质量进行全面检查，利用区域湖数据质量规则库（图 3-1-14），从数据采集、入湖、应用三个维度进行质量监控。基于数据质量管控体系，全面提升数据质量。

利用数据质量检查结果定期发布数据质量公报（图 3-1-15），对各类资料入库情况进行公示，并以此作为部门信息化业绩考核依据，促进全油田数据管理水平提升。

— 109 —

- 套管外径＜1000毫米
- 套管壁厚＜30毫米
- 下入深度、测井井深≤完钻井深
- 矿物成分含量之和=100%
- 完钻井深＜7000米
- 井径＜1000毫米
- 完钻日期＜完井日期
- 饱含油心长≤岩心总长
- 富含油心长≤岩心总长

● 图 3-1-14　区域湖数据质量规则示例

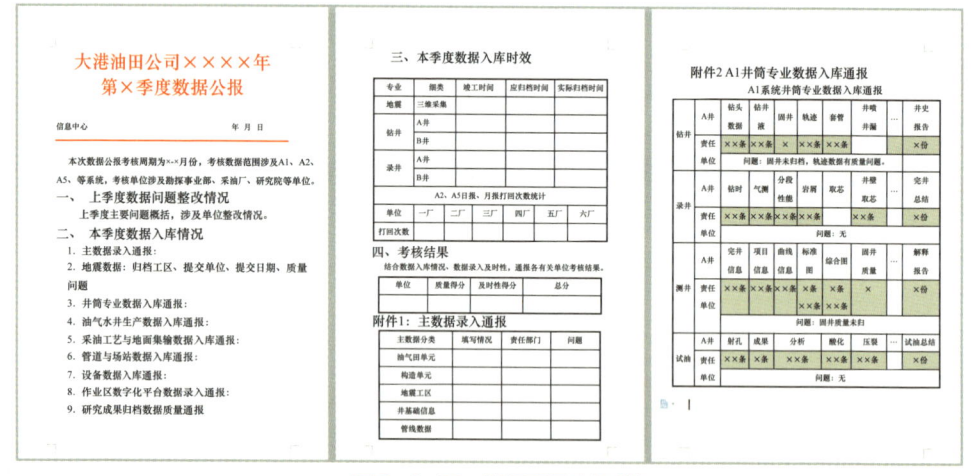

● 图 3-1-15　数据质量公报模板

大港油田区域湖通过完善数据管理机制，建立起数据从采集、存储到应用闭环式管理体系，实现综合研究、方案部署、生产管理等业务链数据全过程资产化管理，紧密结合业务，形成数据资产清单（表 3-1-3）。

（3）基于区域湖技术，实现业务数据高效查询、检索。

区域湖架构以应用需求为导向，基于区域湖数据库组件，实现结构化数据、非结构化数据、实时数据和知识数据流转。通过 ElasticSearch 对区域湖中的数据建立索引，快速获取检索结果（图 3-1-16）。

表 3-1-3　大港油田区域湖数据资产清单

分类	主要内容	数据量
单井设计	井位设计、地质设计、工程工艺设计、措施设计等	47829 份
方案、报告类	部署方案、开发方案等	151232 份
地震数据体	二维采集、三维采集、处理数据	120TB
钻井井史	井口装置、套管记录、钻进数据等	900 万条，14841 口
钻井日报	钻井生产数据	38 万条
录井	钻时、岩屑、取心、显示数据等	3000 万条，14727 口
测井	电测解释表、测井图	100 万条，14324 口
试油酸压	射孔、试油、酸化、压裂	12088 口井，53279 井次
动态监测	试井、测井、井间监测等	8 万井次
分析化验	薄片鉴定、岩石物性、压汞、古生物、X 射线衍射等	9522 口井，484092 样次
油气生产日月报	油井、水井、区块等	7.7 亿条
采油工艺与地面生产	采油、注水、地面生产、修井作业等	14 万条
生产运行	钻井、集输、电力、销售等	270 万条
地震解释工区	OWS 地震解释、GeoEast 解释工区	612 个工区
测井解释工区	Forward	155 个工区
地质建模工区	Petrel、RMS 等建模	65 个工区
数值模拟工区	Eclipse、CMG、Vip	45 个工区
地质图件	地层对比图、油藏剖面图、单井综合图等	32332 张
视频数据	井口视频、站库视频、储气库视频	1600TB
安全数据	个人行动计划、承包商管理、特殊风险作业、安全环保项目	28 万条
井站实时数据	井口物联网数据、站库物联网数据	10 亿条
经营数据	财务、资产、物资、设备、项目	207 万条

● 图 3-1-16　ElasticSearch 数据查询界面

无论是业务数据还是文档报告，都能够实时、稳定、可靠、快速地搜索。满足跨专业、跨数据库海量数据快速提取需求，建立高效便捷的应用检索、知识查询和数据分析能力，为石油行业数据管理及应用探索了全新的道路。

基于区域湖数据，结合业务中台报表技术，实现跨专业报表快速生成（图 3-1-17）。

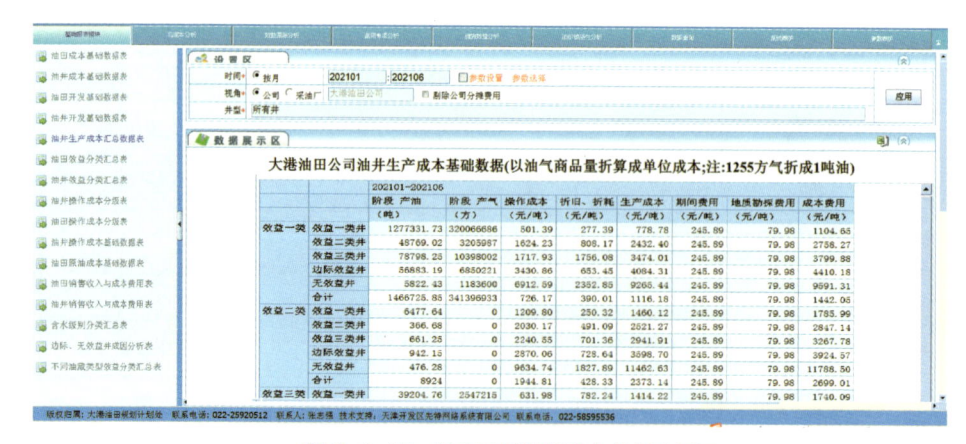

● 图 3-1-17　基于区域湖的跨专业报表展示

（4）支持大数据分析架构，为下步智能分析打下了基础。

在数据应用方面，区域湖从共享存储层或数据集抽取所需分析数据，存储在 HIVE 表中，运用 Kylin、Spark 等计算引擎工具，进行预处理、维度建模，再利用 BI 展示工具进行可视化报表定制与展示（图 3-1-18）。Kylin 作为大数据分析数据仓库，采用"预计算"模式，为海量数据查询和分析提供亚秒级返回，不仅很好地解决了海量数据快速查询问题，也避免了手动开发和维护提前计算程序带来的一系列麻烦。

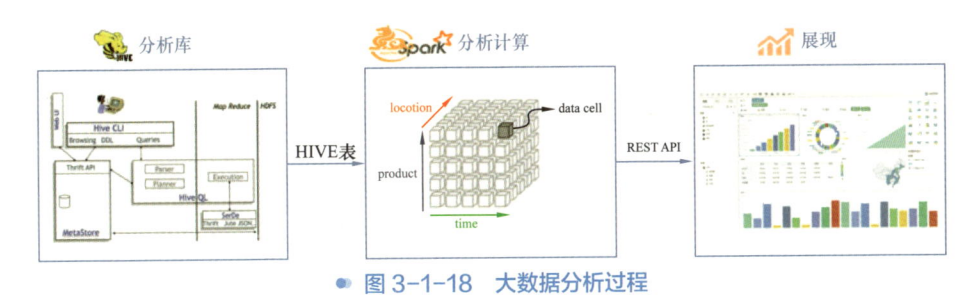

图 3-1-18　大数据分析过程

区域湖基于知识图谱技术，融合文本、语音、图形、视频等多种知识形式，梳理各业务领域知识，建立专家知识库，辅助勘探目标智能发现、油藏开发智能管理、生产运行智能管控、生产经营智能分析，实现高价值的数据开发利用。通过训练好的数据模型，提供知识库、知识图谱、算法工具等大数据分析服务。大港油田基于区域湖分析层，进行试油层位自动推荐、页岩油产量变化分析（图 3-1-19）等大数据应用探索，让数据指导生产，使油田企业数据产生更大价值。

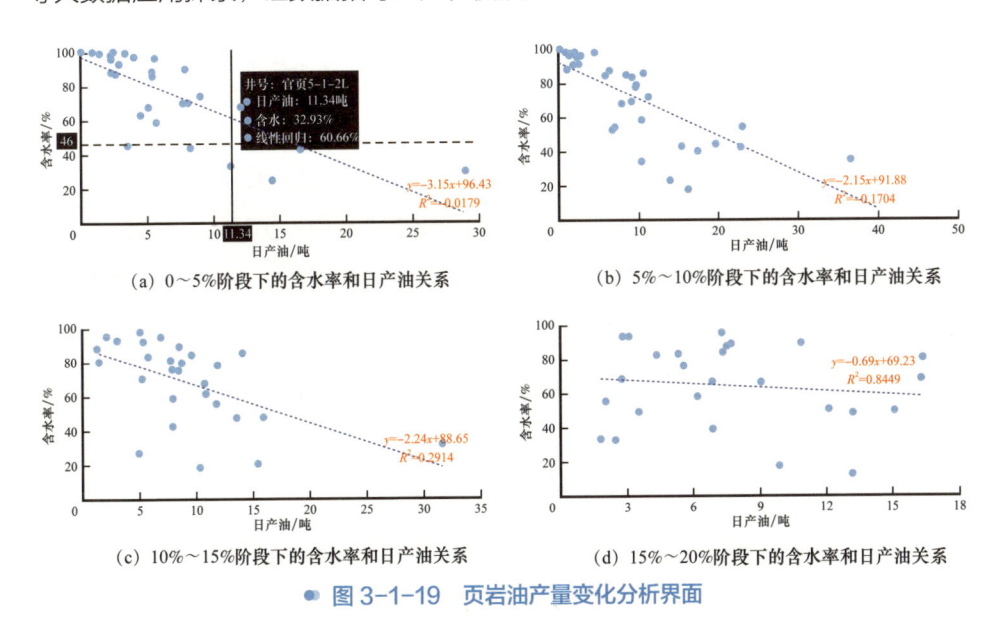

(a) 0～5%阶段下的含水率和日产油关系

(b) 5%～10%阶段下的含水率和日产油关系

(c) 10%～15%阶段下的含水率和日产油关系

(d) 15%～20%阶段下的含水率和日产油关系

图 3-1-19　页岩油产量变化分析界面

第二节　梦想云中台扩展与完善

"十三五"以来，中国石油大力推动梦想云建设，初步实现了以梦想云为基础的数据集成、应用集成，已经建立并形成了支撑后续应用建设的数据中台、技术中台及通用业务中台，中台的建设为企业信息化建设的"高效率、高品质"开展打下了坚实的基础。大港油田在充分推广、吸收梦想云平台服务中台的理念及精髓基础上，结合自身实际开展了大量的扩展应用建设，为梦想云服务中台的蓬勃发展贡献了积极的力量。

一、基于梦想云业务中台的扩展应用

1. 梦想云业务中台介绍

中台是"企业级能力复用平台"。中台是站在企业全局的高度对业务进行抽象，寻找到稳定的单元，是"搭积木"式的应用开发模式基础。梦想云将中台划分为四类，即业务中台、数据中台、技术中台、专业软件工具，通过近年的建设及完善，数据中台、技术中台、专业软件工具管理相继成型并在业务生产中发挥了自身的作用，降本增效初见成果。

梦想云业务中台在建设过程中，通过提炼通用业务流程、应对各类业务逻辑复杂的场景以及快速迭代能力建设，化繁为简，构建了九大核心功能，主要涵盖用户中心、井筒中心、地震中心、油藏中心、项目中心、专业图形、专业算法、专业软件接口。

梦想云业务中台顶层设计、规划与建设，将通过剖析存量应用的技术特性，分析用户实际业务办公应用场景，进行"技术 + 业务"相结合的融合提炼，总结出适用于提升业务开发效率、推动应用共享的关键技术环节、业务功能、组件及微服务，从而为老应用融合、新应用构建，提供高效能的开发模式，共享化的技术成果，平台化、行业专属型办公应用体验，并在此基础上形成服务目录，支撑后续应

用的共建、共享。

大港油田在数字油田、智能油田建设过程中，充分利用梦想云业务中台技术，并结合大港油田实际，完善油藏工程、采油工程算法，丰富基于 H5 的图形组件，创新可视化布局技术，取得了良好的应用效果。

2. 基于梦想云业务中台的扩展

基于大港油田数字化转型智能化发展的业务需求，结合自身的信息化建设实际，大港油田按照梦想云开发技术规范，规划关键业务中台通用服务目录，形成横向上覆盖油气藏工程、钻井工程、采油气工程、地面工程四大专业，纵向上贯穿地区公司、采油厂及作业现场的油气藏勘探开发业务中台服务目录（图 3-2-1）。

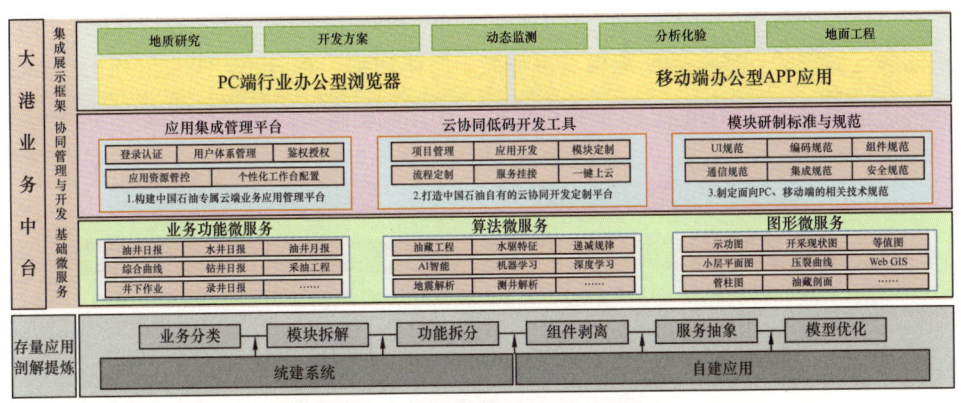

● 图 3-2-1　大港油田业务中台设计

通过"协同型、流程化、全在线"的可视化低码开发工具技术研究，打造全面可靠的协同管理与开发环境，高效支持业务应用。采用"插件化、多进程、热更新、自定义呈现内核"机制，打造适应中国石油业务应用的企业级浏览器，有效解决企业 Web 应用浏览器环境兼容问题，实现业务应用统一管理、集成展示。

（1）业务功能微服务。

根据微服务复用性、共享性、独立性原则，通过公共组件抽离、应用组件拆分、服务剥离、逻辑剥离等技术手段对应用进行拆解，将业务功能进行微服务化改造，保留纯粹的业务功能，并为其绑定对应的业务数据服务，对外暴露规范化的接口，形成可以被其他系统快速使用的业务功能微服务（图 3-2-2）。

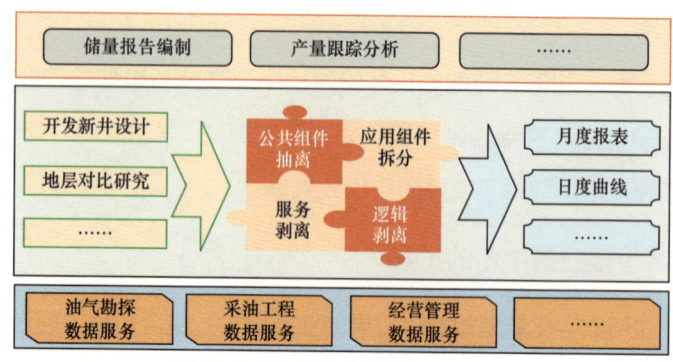

图 3-2-2　业务中台业务功能微服务

（2）算法微服务。

算法微服务是业务中台重要的计算服务。其围绕油气田业务应用，构建具有可扩充、接口自动化能力的算法实现框架，将油气藏工程算法、深度学习算法、传统机器学习算法等业务应用所需算法进行微服务化封装，并自动生成 Restful、RPC 两种风格的对外支撑接口，从而形成对业务应用的算法支撑微服务（图 3-2-3）。

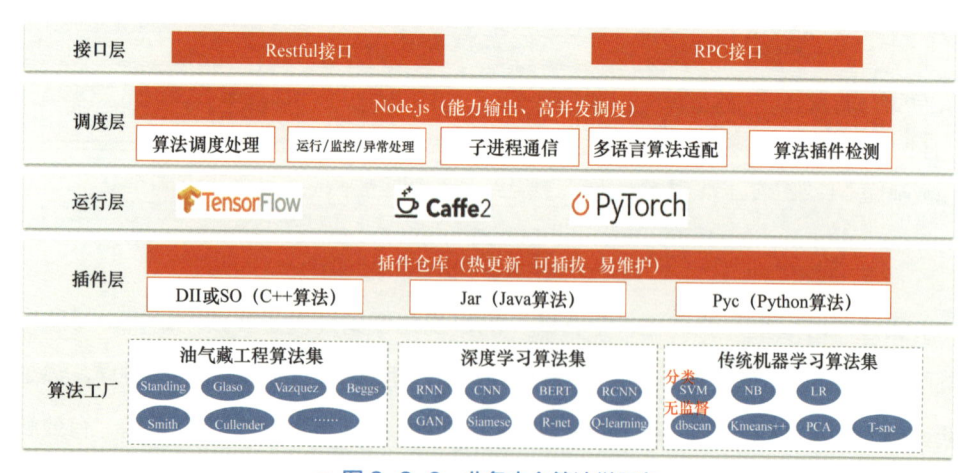

图 3-2-3　业务中台算法微服务

（3）图形微服务。

图形微服务是面向油田行业提供专业图形、图件的编绘服务。通过对油田各类业务图件的构成分析，提取图形技术和业务内容的共性。采用"微前端 + 微后端"的技术架构，建立地质模型展示、三维地震展示、测井曲线、等值图、开采现状图、油藏剖面图、小层平面图、压裂曲线、油水井连通图、递减曲线、井身结构图、井下管柱图、示功图、地理信息 GIS 等 14 类图形的微服务，为业务应用提供通用的图形编绘服务（图 3-2-4）。

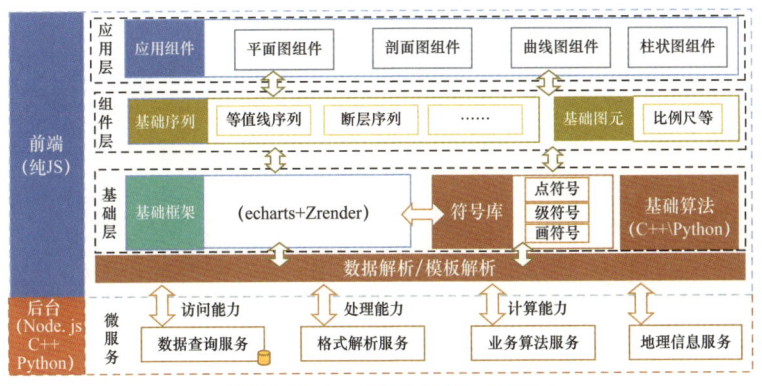

● 图 3-2-4　业务中台图形微服务

（4）应用集成管理平台。

油气田信息集成以平台化、模块化、组件化、微服务化为核心理念，通过对业务应用系统的深度集成整合，搭建统一用户、机构、权限、消息、日志、微服务管理、应用管理、规范管理等集成架构，形成标准化、服务化、集成化、开放化应用集成能力，着力解决业务应用的集成与一体化呈现，有效消除应用孤岛、维护难、无统一标准、无法协同共享的问题（图 3-2-5）。

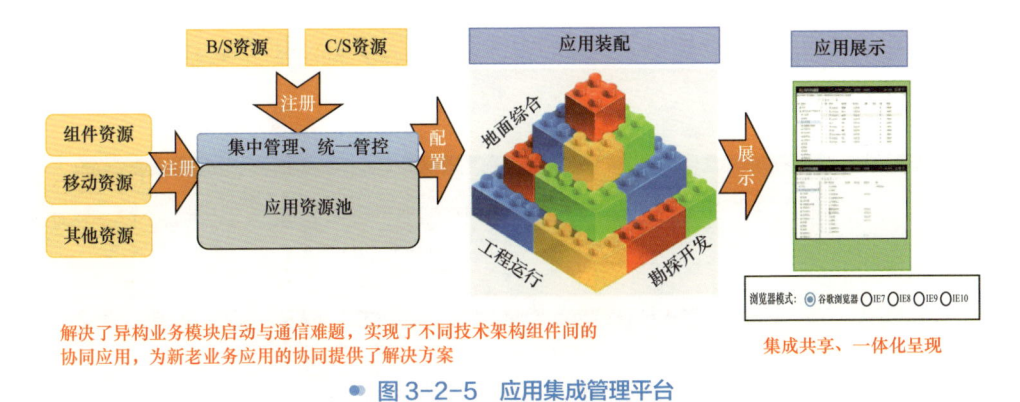

● 图 3-2-5　应用集成管理平台

（5）云协同低码开发工具。

以基础微服务为支撑，基于 Web 浏览器实现可视化、组件化、高可扩展的开发与定制，采用低码、可视化、拖拽式开发的模式，为油田信息化人员提供一套上手快、效率高、易维护的通用型开发、定制框架，用以提升业务应用的快速开发，解决软件开发中大量的重复工作，从而达到降本增效的目的，让业务人员更加关注于业务逻辑（图3-2-6）。

● 图3-2-6 云协同低码开发工具

（6）面向用户的技术规范及应用。

以基础微服务为支撑，制定了面向PC端、移动端的相关技术规范标准，包括UI规范、编码规范、组件规范、通信规范、集成规范及安全规范，在此基础上，结合前端用户需求开展了PC端行业办公型浏览器（图3-2-7）、移动端办公APP应用的研发工作，实现了前端浏览器内核的统一兼容，减少了多浏览器兼容的根本性问题，提升了服务共享的便捷性，降低了用户学习使用成本。形成了与PC端架构一致的移动端应用架构，提供了丰富的组件资源，为移动应用的进一步扩展提供了便捷的技术支撑。

● 图3-2-7 PC端行业办公型浏览器技术架构图

二、业务中台部署与实施

业务中台的规划和建设具有承上启下的纽带作用，基于梦想云平台架构要求，严格按照总部技术规范进行扩展和完善，形成了服务相对丰富、个性化突出的大港油田业务中台。

1. 建立开发标准和基础运行保障体系

在梦想云业务中台开发规范基础上，进一步细化、完善建立了大港油田业务中台技术规范，其中包括模块化设计、应用统一环境、共享设计等 10 项设计标准，保障业务中台的"两统一"，即技术统一，研发应用资源标准化生产，确保应用资源可维护性和可扩展性；应用统一，确保业务与平台高度融合，实现界面、操作与平台的一致性。

建立模块化设计规范：系统建设单位在设计阶段应对承载的业务进行梳理，各业务系统作为一级模块，各一级模块可继续细分子模块作为二级模块。各一级、二级模块应有独立接收用户身份信息的接口，不应使用 Session 进行用户信息传递。

建立应用统一环境：各一级、二级模块应在云平台门户做统一发布，由云平台门户管理员对模块信息集中进行维护，一级模块作为一级菜单，二级模块作为二级菜单。各一级、二级模块在设计阶段应充分考虑与 dgIAM 集成，用户基础信息（包括用户账号、姓名、手机号等）应以 dgIAM 作为数据源。

建立共享设计规范：各业务模块应以公共微服务方式提供共享的业务数据与业务功能，包括并不限于所采集的数据、生成的报表、生成的图件等。系统建设单位提供明确的责任人对共享的业务数据与业务功能的准确性、完整性负责。

建立平台云发布规范：平台云提供了代码库、依赖库、镜像库的集中环境，在各模块进行源代码开发前，项目建设单位需申请集中环境的账号、密码。平台云代码库分为测试代码库与生产代码库，各业务模块源代码在开发测试阶段需将源代码上传测试代码库，通过编译流水线在测试集群中发布。上线前，由信息中心负责将测试代码库中源代码复制到生产代码库，运行编译流水线后，在生产集群发布。当源代码发生变更，需要重新在生产集群发布时，也应按照此流程执行。

建立账号管理规范：各一级、二级业务模块在开发用户创建/删除功能时，应同步调用云平台门户授权管理微服务，以便云平台门户可以为用户显示/隐藏该模块入口菜单。

建立待办消息集中管理规范：各一级、二级业务模块在开发工作流等涉及待办信息、通知提醒信息、公告信息时，需调用云平台门户消息微服务，以便云平台门户可以为用户集中展示消息。

建立微服务设计规范：应明确功能职责、响应时间要求、承载数据流量要求等设计要素。综合考虑业务职责单一、敏态与稳态业务分离、非功能性需求（如弹性伸缩、安全性等要求）以及技术异构等因素。

建立微服务开发规范：各一级、二级业务模块开发的微服务，可应用微服务资源中心提供的统一管理环境。微服务应通过 Swagger 组件生成接口文档的服务，明确输入、输出参数的业务逻辑，并提供在线调试功能。对于返回大量数据的微服务，应通过分表等技术减少一次性返回数据，缩短响应时间，严禁提供全表数据微服务。

建立微服务发布规范：各一级、二级业务模块开发的微服务应当通过大港油田微服务商店做统一发布。

2. 建立梦想云业务中台镜像测试环境

大港油田为保障系统变更的及时性及代码的完整性，按照勘探开发梦想云架构，建立了梦想云业务中台镜像测试环境（图 3-2-8），开发人员将代码按照阶段时间传输至开发代码库，通过流水线在开发集群环境发布，业务人员测试通过后，予以确认。

在完成集成测试后，由业务人员将代码抽提到测试代码库，通过流水线在测试集群环境中发布。在组织用户进行需求的最终确认后，将代码上传至梦想云，进行梦想云发布。

图 3-2-8 业务中台镜像测试环境

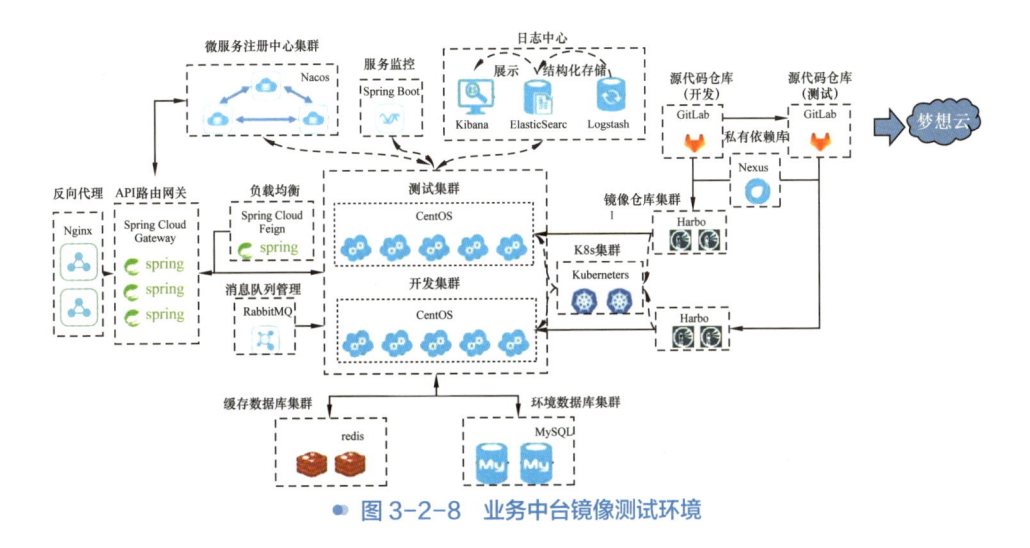

3. 建立基于梦想云的系统敏捷开发环境

基于梦想云镜像环境开展了低码可视化开发工具的部署及应用，基于云端运行的 docker 镜像包，通过梦想云的部署能力、调度能力、编排能力，将可视化定制工具与微服务之间的关系进行协调，实现对可视化定制工具的云端部署，建立了云协同低码可视化开发工具环境（图 3-2-9）。

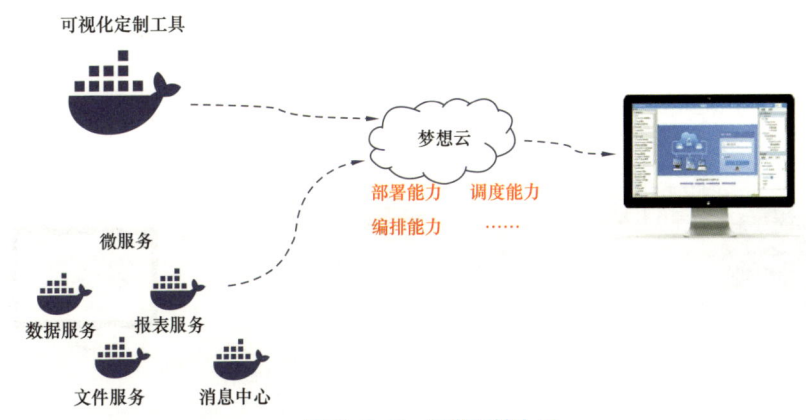

图 3-2-9 开发环境上云

云协同低码开发工具完全遵循梦想云开发规范，共享式、自迭代、可扩展、全景化业务应用开发支持，具有协调开发、自迭代、一键上云、可扩充、项目导入导出、服务接入 6 项核心能力（图 3-2-10）。开发模式是基于浏览器的 Web 化业

— 121 —

务模块可视化、组件化、高可扩展的开发与定制能手，其集页面开发、图表定制、流程定义、数据服务定制等功能于一体，结合日志、消息、文档等微服务组件，实现技术资源共享，为应用快速开发提供服务支撑。

图 3-2-10　云协同低码开发工具技术架构

云协同低码可视化开发工具，按照梦想云业务中台微服务的共享理念，通过可视化开发工具开发的模块，将模块或项目生成镜像包，并提交到梦想云仓库，通过梦想云的部署能力，实现对项目的部署运行（图3-2-11）。

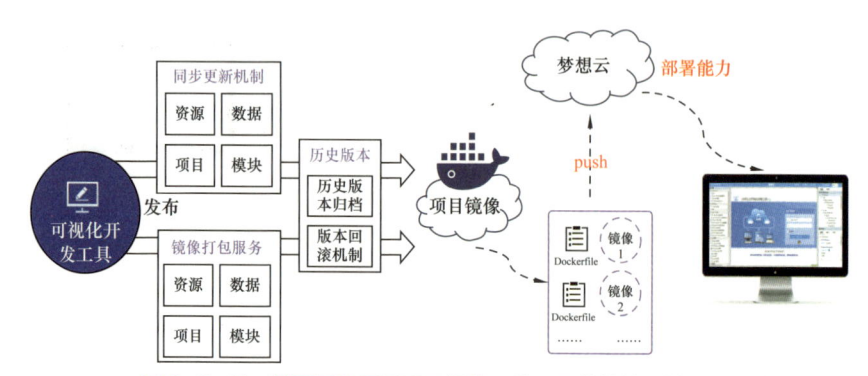

图 3-2-11　基于云协同低码可视化开发工具的软件一键上云模式

4. 建立丰富的业务中台微服务应用体系

大港油田业务中台微服务应用体系的构建，面向油气勘探、油气开发两大业务，全面梳理相关业务流程，规划设计可共享、可复用、可定制、可重构的业务功能、图形、数据、算法四大类模块化服务，支撑后续开发应用场景的共建、共享，通过管理流程化及功能模块化，边规划边建设，逐渐完成大港油田业务中台微服务应用体系的丰富完善，支撑业务流程再造。微服务应用体系的设计原则（图 3-2-12）如下：

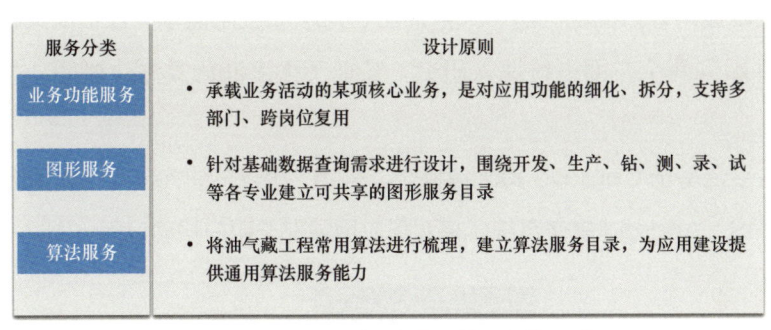

服务分类	设计原则
业务功能服务	• 承载业务活动的某项核心业务，是对应用功能的细化、拆分，支持多部门、跨岗位复用
图形服务	• 针对基础数据查询需求进行设计，围绕开发、生产、钻、测、录、试等各专业建立可共享的图形服务目录
算法服务	• 将油气藏工程常用算法进行梳理，建立算法服务目录，为应用建设提供通用算法服务能力

● 图 3-2-12　微服务应用体系设计原则

业务功能微服务是承载业务活动的某项核心业务，是对应用功能的细化、拆分，支持多部门、跨岗位复用，根据大港油田的实际情况及微服务复用性、共享性、独立性原则，对应用进行拆解，将业务应用进行微服务化改造。

图形微服务提供面向油田行业专业图形、图件的编绘服务，针对地质图件实时绘制需要，将常用图形绘制功能服务化，提供各业务应用功能的绘图服务。

基于石油行业业务算法需求，整合多种算法库和 AI 系统大数据训练模型，提供行业专用算法和计算模型，为业务应用提供全方位的运算能力和 AI 系统能力。

5. 建立高兼容性的行业浏览器及移动应用统一架构

业务应用、使用过程中，终端用户使用通用浏览器（IE、Chrome 等）会有诸多的不便，为解决用户频换浏览器、反复登录、不兼容等业务外的困扰，提升业务使用的连贯性，提高用户办公效率，需打造一款适合油气田行业的办公型浏览器。

针对烦琐的应用体验，大港油田采用"插件化、多进程、热更新、自定义呈现内核"机制，研发了港油浏览器，其具有 Webkit、IE、.NetFrameWork 三引擎，支持 IE6 至 IE11，支持 Webkit，支持 C/S。

随着移动技术与油田各项业务持续融合，"指尖应用"需求不断释放，各类 APP 建成并投用，有效地强化业务衔接，优化管控能力，提升工作效率，支持"马上就办"，在油田"两化深度融合"建设不断加快的过程中，仍存在协同管理、共享应用等方面的问题，大港油田针对移动应用需求，在移动架构平台和移动组件服务两个方面进行深入研究，实现了大港油田集成、协同、共享移动服务。

移动平台基于 Cordova 跨平台框架，采用"JS+Native"混合呈现模式，全面支持 IOS、Android 操作系统，将业务应用展现于用户移动设备（图 3-2-13）。

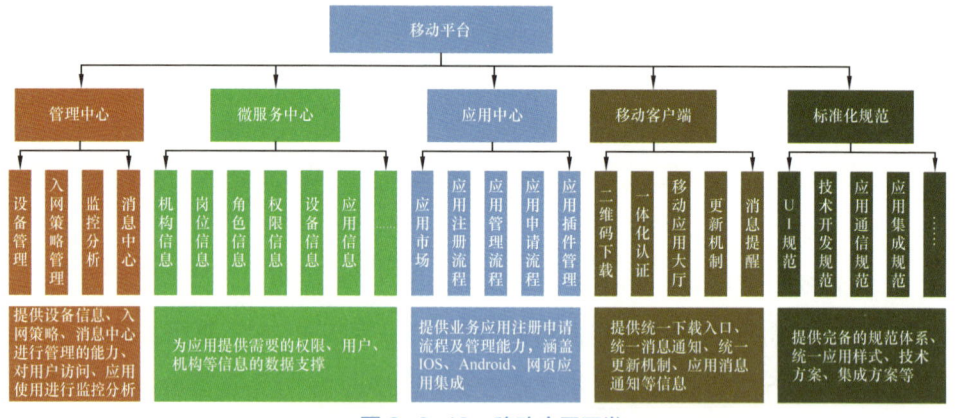

● 图 3-2-13 移动应用开发

在构建了完善的梦想云镜像测试环境、基础微服务应用体系、敏捷开发工具环境及高效兼容的前端行业浏览器基础上，一方面大力开展了统一集成应用门户的建设及应用工作，集成业务中台各服务发布应用运行情况监控界面，将业务中台运行维护、用户服务、管理规范、运维派单等工作进行流程化管理，建立集中管控、高效的维护服务管理体系，提升业务中台的整体服务能力；另一方面针对大港油田信息化建设的现状及未来发展需求，开展了存量信息系统的云化升级及新建项目的统一云化开发工作，进一步丰富完善大港油田业务中台应用体系，构建全面覆盖、有效集成、持续迭代的应用服务体系，支撑大港油田各类应用系统功能的有效集成及共享，为梦想云提供更加丰富、实用的微服务，为"共享中国石油"积极贡献力量。

三、应用效果

业务中台建设是业务与技术的一次再融合、再凝练、再提升，大港油田在梦想云业务中台基础上实现了通用微服务的扩充，低码开发工具实现了技术组件、业务图形以及算法的融合框架，秉承"协同、集成、开放、共享"的发展思路，有力地支撑了"共享型、一体化、再生式"可持续发展技术生态的目标及要求。

（1）建立了统一的开发环境（图3-2-14），为智能油田应用奠定坚实基础。

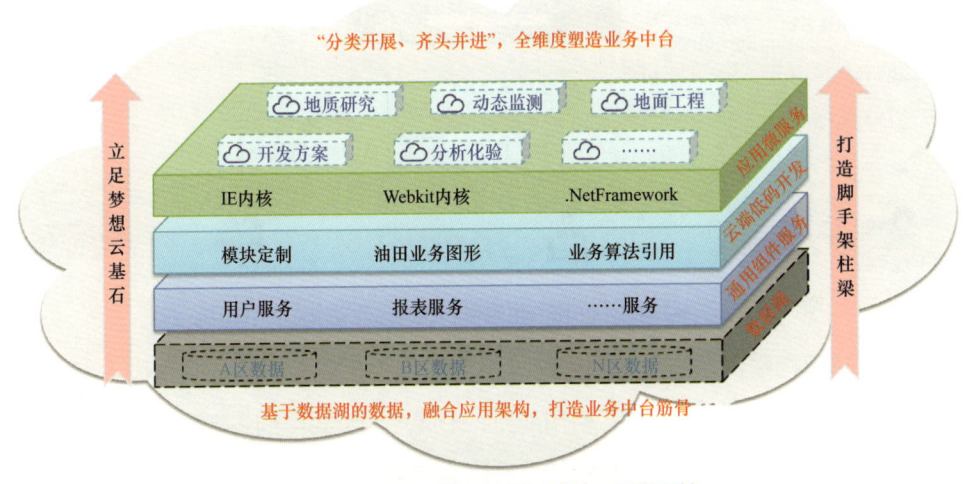

● 图3-2-14　基于梦想云的统一开发环境

当前信息系统开发行业，大多数软件公司以VS、Eclipse等工具的传统开发中所采用的开发语言、开发规范、开发标准和架构设计不同，致使油田应用软件集成整合难度大，功能复用难度高，开发效率低下，资源浪费严重。大港油田基于总部梦想云PaaS架构，建立统一开放的技术平台，支持系统开发、集成、运行、服务的统一管理，以"平台化"取代"竖井式"，形成"积木式"系统开发模式，支撑高效、云化、可持续油田应用建设思路，通过不断积累，大港油田完成统一开发平台、统一运行平台、微服务支撑框架开发、软件流水线设计开发、企业应用商店、平台云门户等功能建设，实现了业务系统开发过程的标准化、服务化、系统部署自动化，提高了开发效率和项目管控能力，提升了油田公司整体的软件研发水平。

模板化和组件化是智能油田未来高效开发的趋势（图 3-2-15）。模块化定制开发，为提高定制开发效率，简化定制操作，提供丰富的模板选择功能。在模板中选择功能相近的模板，一键创建，轻松调整数据来源或查询条件等即可完成模块的定制开发。大港油田在项目应用开发中，将开发过程中的功能类似、界面相近的界面，进行分析、抽象研发形成业务组件，并沉淀到资源市场中，形成可共享和复用的资源，从而"避免重复、降本增效"。

● 图 3-2-15　模块化、组件化开发模式

大港油田构建资源市场，为用户提供业务组件、业务模板、共享脚本等复用型、共享型资源的管理、查找、引用能力，形成"淘宝式"的多维资源查找能力。

（2）完善了梦想云中台微服务内容，丰富了业务中台应用生态。

以梦想云微服务架构为基础，根据微服务复用性、共享性、独立性原则，对存量应用进行拆解，融合通用微服务中的权限、报表、文档、工作流、消息等基础服务，将业务应用进行微服务化改造，构建可共享、可复用、可定制、可重构的业务功能、图形、数据、算法等模块化服务，支持后续开发应用场景的共建、共享，丰富完善梦想云业务中台服务生态。

业务功能微服务，按照勘探、开发整体业务过程，开展了业务功能的详细划分，按业务分类拆分为 73 个业务功能服务类别，具体详情见表 3-2-1。

表 3-2-1 业务功能服务分类表

序号	业务分类	业务应用	应用服务类别
1	协同研究	工区数据交换	主题数据组织
2			数据交换模板
3			数据加载接口
4		协同制图/图库	模型数据抽提
5			图形前端绘制
6			图形检索
7		油藏模拟	模型解析
8			数据加载
9			自动模拟
10		模型更新技术	数据抽提
11			工作流编辑器
12			工作流文件推送
13		构造分析	地震数据解析
14			时深转换
15			构造评价
16			构造知识图谱
17		储层识别	地震、测井、生产数据融合
18			储层模型构建
19			储层评价
20			储层知识库
21			
22		井位优选	地震、测井、生产、化验数据组织
23			构造评价、储层评价
24			井位优选

续表

序号	业务分类	业务应用	应用服务类别
25	协同研究	知识库	图谱构建
26			知识管理
27			知识服务
28			知识拓展
29	规划部署及方案管理	规划部署及决策支持	规划编制模板
30			在线编制流程
31			规划编制知识库
32		油气储量资源管理	储量计算模型
33			可采储量标定
34			储量报告编制
35		方案协同编制及优化	方案编制模板
36			方案在线编制
37			在线审核审批
38	产能建设全过程管理	钻井施工过程管理	钻井时效分析
39			故障、事故分析
40		随钻地质分析	随钻实时对比分析
41			钻井方案变更
42	油气藏动态智能管控	油气藏动态分析	产量跟踪分析
43			多维度对比分析
44			图表联动分析
45			动态异常分析
46			异常预警预测
47		开发指标监控与预警	指标体系建立
48			指标评价标准
49			指标评价模型
50			巡检条件配置
51			异常指标报警

续表

序号	业务分类	业务应用	应用服务类别
52	油气藏动态智能管控	油气藏历史拟合	数据处理
53			拟合模型
54		开发效果评价	措施效果评价
55			注采平衡评价
56			能量平衡评价
57		动态监测时机及跟踪应用	动态监测智能解释
58	采油（气）工程智能管理	异常诊断及预警	工况综合评价
59			单井措施优化
60		井下作业管理	作业设计管理
61			作业风险识别模型
62			完工交井管理
63	地面生产全过程管控	智能生产巡检	巡检模型管理
64			连续自动巡检
65			智能预警报警
66			巡检结果处置
67		站库生产运行管控	场站基础管理
68			站库运行管理
69			站库仿真模拟
70		管网泄漏监控及诊断	处置案例管理
71		管网运行监控及优化	管网运行动态监控
72			管网介质仿真模拟
73		设备全过程管理	设备预知性维修

算法服务，将油气藏工程常用算法进行梳理，建立算法服务目录，为应用建设提供通用算法服务能力。目前形成油气藏算法与常用算法 87 个微服务，具体详情见表 3-2-2。

表 3-2-2 油气藏算法与常用算法微服务表

序号	类别	算法服务分类
1	油气藏算法	原油物性参数计算
2		气体物性参数计算
3		地层水物性参数计算
4		地层岩石物性参数计算
5		油藏类型判断
6		相对渗透率曲线
7		毛细管压力曲线应用
8		渗透率分布规律
9		变异系数计算
10		油藏天然能量评价
11		物质平衡法储量计算
12		合理井网密度
13		合理注采比
14		合理注采井数比
15		注采压力平衡系统
16		低渗透油藏合理注水压力
17		油井井底流压计算
18		油井流入动态分析
19		多项垂直管流计算
20		气井井底压力计算
21		气井流入动态分析
22		凝析气井停喷压力
23		凝析气井临界携液流量

续表

序号	类别	算法服务分类
24	油气藏算法	单井最大产液量
25		单井经济极限含水率
26		单井经济极限初产油量
27		开发指标分级分析
28		综合开发曲线
29		单井采油曲线
30		注水井注入曲线
31		注水井指示曲线
32		注水井吸水剖面
33		注水开发效果评价
34		水驱控制储量评价
35		小层产量劈分
36		水平井产能预测
37		水侵量计算
38		产量递减分析
39		系统模型预测法
40		水驱曲线法预测采收率
41		不同类型油藏采收率预测
42		二氧化碳驱参数预测
43	计算模型	修正霍尔模型（Modified Hall Model）
44		四参数增长模型（MMF Model）
45		蒸汽压力模型（Vapor Pressure Model）
46		有理函数模型（Rational Function）
47		幂函数模型（Power Fit）
48		修正幂函数模型（Modified Power）
49		变形幂函数模型（Shifted Power Fit）

续表

序号	类别	算法服务分类
50	计算模型	指数模型（Exponential Fit）
51		修正指数模型（Modified Exponential）
52		指数协调模型（Exponential Association）
53		倒数对数模型（Reciprocal Logarithm Fit）
54		倒数模型（Reciprocal Model）
55		对数模型（Logarithm Fit）
56		威布尔模型（Weibull Model）
57		理查德斯模型（Richards Model）
58		逻辑斯蒂模型（Logistic Model）
59		直线模型（Line Model）
60		指数递减模型
61		调和递减模型
62		双曲递减模型
63		翁氏旋回模型
64		幂率指数模型
65		甲型水区曲线
66		乙型水区曲线
67		丙型水区曲线
68		丁型水区曲线
69		水油比与累计产油关系水驱曲线法
70		液油比与累计产油关系水驱曲线法
71		含水率与累计产油关系水驱曲线法
72		Iraj Ershaghai 关系式水驱曲线法
73		马成国关系式水驱曲线法
74		HCZ（全过程）
75		R 模型

续表

序号	类别	算法服务分类
76	计算模型	正态分布
77	常用算法	粒子群算法
78		神经网络算法
79		支持向量机算法
80		最小二乘算法
81		牛顿下山法
82		麦夸特法
83		缩张算法
84		普通克里金算法
85		泛克里金算法
86		幂距离反比算法
87		微分模拟算法

通过对油田各类业务图件的构成分析，抓取图形的技术共性和业务表达内容的共性，采用"微前端+微后端"的技术架构，微前端采用 H5 Canvas 技术，实现业务图形的绘制，承担各类图形编绘交互与效果呈现的能力；微后端对业务图形进行算法处理、格式解析、数据预处理，为微前端成图提供高并发、高响应、高效率的技术后盾，以此为业务应用提供通用的图形编绘能力。图形图件的编绘微服务，支持常用的二维地质图、二维柱状、三维模型、工程类图形和开发曲线等专业图形图件。现已形成油气藏图形算法 14 个微服务，具体详情见表 3-2-3。

报表微服务以云生态组件为基础，集数据展示（报表）和数据录入（表单）功能于一身，旨在通过简单拖拽、无须编码便可制作油田行业复杂报表（图 3-2-16）。报表微服务由数据源定义、数据集定义、报表设计、曲线定义、属性设置、模板输出六大模块构成，拖拖拽拽完成报表的设计。报表微服务组件通过提供丰富的接口和事件，方便进行二次开发。

表 3-2-3　基于 H5 的油气藏图形算法微服务表

编码	分类	应用领域	图形服务	应用描述
1	二维地质图	开发领域	小层平面图	能够反映小层砂体形态、砂层厚度、有效厚度和储油物性变化，是油气地质储量计算、油田开发及动态分析的基础图件
2	二维地质图	开发领域	等值图	实现多种业务类等值图，如含水率、渗透率、压力、油量、动液面、液量、隔层厚度、孔隙度、砂层厚度等多种等值图
3	二维地质图	开发领域	油藏剖面图	以地层数据为主，综合测井、地质等多方面资料，定性、定量描述油气藏的构造、地层、岩性、物性、流体、压力和温度等各种特征
4	二维地质图	开发领域	油水井连通图	油水井动态分析的基础图件资料，辅助分析变化原因
5	二维地质图	开发领域	开采现状图	在井位图上反映各油井和水井的日产液量、日产油量、含水率、气油比和日注水量，能够反映现阶段油田开采情况
6	三维地质图	地震、地质研究	地震数据展示	波形图、波形面积图（正极性）、波形面积图（双极性）、变密度
7	三维地质图	地震、地质研究	三维地质模型展示	实现地质模型和数值模拟成果及三维地震数据解析，提供模型展示、剖面设计、井网部署、单井设计、储量计算等功能，能够满足油田勘探开发研究、管理业务需要
8	开发曲线	开发领域业务通用	曲线图	以平滑曲线展示数据的变化趋势
9	开发曲线	开发领域业务通用	环形图	以环形显示数据的占比
10	开发曲线	开发领域业务通用	散点图	以散点形式展示数据的变化趋势
11	开发曲线	开发领域业务通用	多轴曲线	多 Y 轴曲线，展示多组数据的变化趋势
12	开发曲线	开发领域业务通用	混合类型曲线	混合类型，同时展示多组数据的变化趋势及占比等
13	开发曲线	开发领域业务通用	堆叠柱形图	以柱形图的形式展示数据的叠加堆叠，分为普通堆叠和百分比堆叠两种方式
14	开发曲线	开发领域业务通用	堆叠面积图	以面积图的形式展示数据的叠加堆叠，分为普通堆叠和百分比堆叠两种方式

图 3-2-16 报表微服务

报表微服务，常用可定制报表类型包括网格、分组、嵌套、交叉、分栏、分片、多级序号、条件分页、树形展示、填报表等（图 3-2-17）。

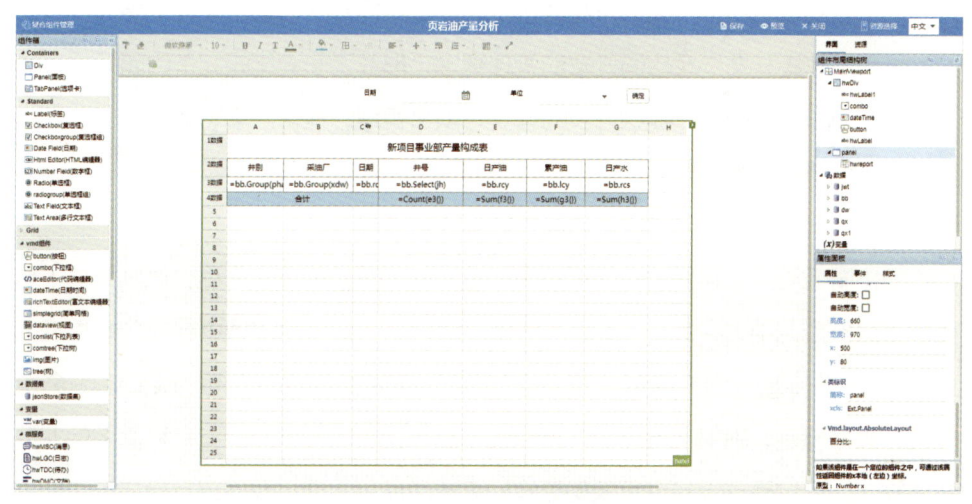

图 3-2-17 报表定制

（3）创新云协同低码开发工具，大幅提高了系统开发效率。

传统开发大多数是基于 VS、Eclipse 等工具进行编码式软件开发，对开发人员的技术水平要求较高，同时由于开发语言、技术体系、开发规范不同，软件往往难以集成、共享、复用。按照梦想云开发技术规范，构建以基础微服务为支撑，采用低码、可视化、拖拽式开发模式的云协同低码开发工具（图3-2-18），为油田信息化人员提供一套上手快、效率高、易维护的通用型开发、定制框架，用于业务应用的快速开发，解决软件开发中大量的重复工作，提高工作效率。

● 图3-2-18 支持拖拽式设计的低码开发工具

（4）便捷的云协同低码开发模式，提供了云协同开发与项目管控的能力。

采用"敏捷开发"及协同开发的管理理念，形成了一套比较完备的闭环式项目开发、定制与发布模式，提供开发商管理、项目管理、模块共享、岗位授权、角色管理等系列研发场景化能力，做到多人协作、共用配置、共同开发的目的，遵循梦想云生态建设要求，提升梦想云协同、共享、集成能力。

云协同低码可视化开发环境提供了敏捷的软件开发工具及流程，通过开发工具提供的服务定制能力，完成Rest服务接口的定制，在资源市场中选择功能相近的业务模板，一键创建业务模块，进入设计界面，选择刚才创建的服务接口和业务组件进行数据绑定，根据业务需求，拖拽组件进行模块的布局排版，针对复杂的业务逻辑需求，通过事件绑定进行低码处理，完成功能后，通过预览进行模块的功能测试。系统开发步骤（图3-2-19）如下：

① 数据服务编写（图3-2-20）：通过可视化的数据服务编写工具，可快速地对数据服务接口进行定制。

● 图 3-2-19　系统开发步骤

● 图 3-2-20　数据服务编写

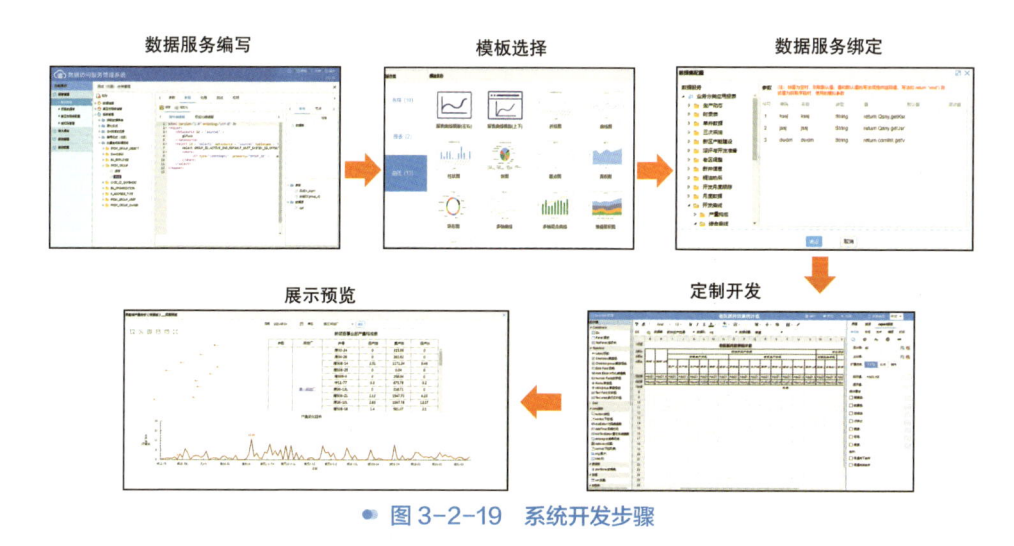

数据服务通过标签化的可视化定制模式，实现对数据查询的条件控制，满足不同条件的数据查询。

② 模板选择（图 3-2-21）：可视化定制工具提供了模板市场，包含了常用的模板，通过选择模板创建页面，进行简单的调整及数据绑定，即可完成页面的开发定制。

③ 数据绑定（图 3-2-22）：添加页面在使用时所需要的数据来源，通过从已有的数据服务中选择已定制的服务接口，或者在页面中创建相应的数据集，即可完成对页面所需数据的定义。

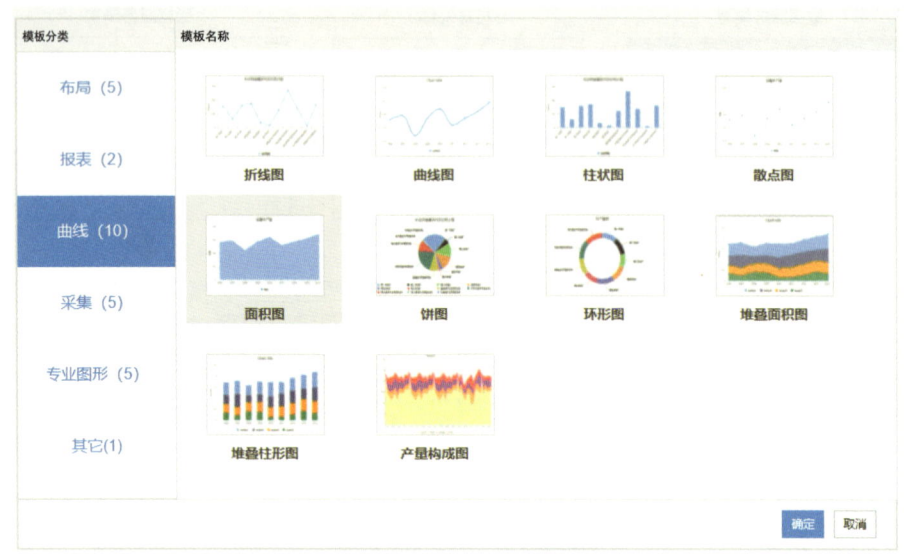

● 图 3-2-21　模板选择

● 图 3-2-22　数据绑定

④ 模块定制（图 3-2-23）：在页面所需数据准备完成后，可以对页面进行定制；可视化定制工具提供了常用的布局及大量的基础组件，能够满足大部分场景的页面布局需求；提供的布局组件有方位布局、流布局、自适应布局、百分比布局等；提供的组件有按钮、日期、下拉、树、报表、曲线、采集等。

第三章 转型成果及成效

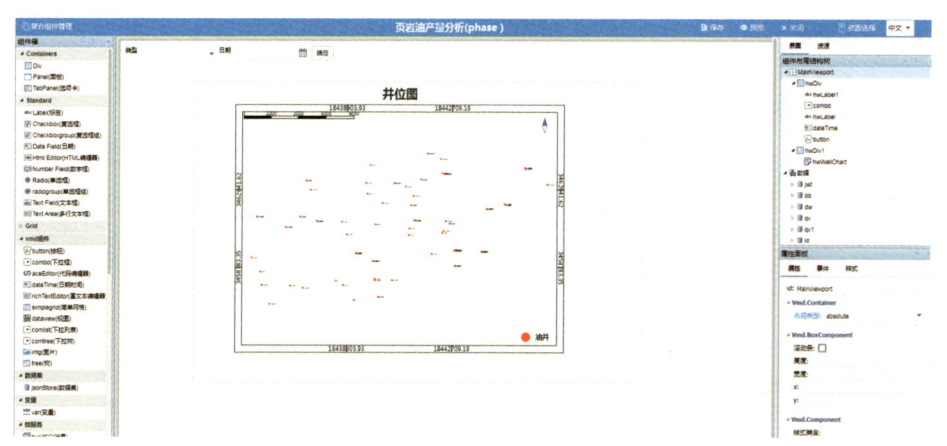

● 图 3-2-23 模块定制

⑤ 事件逻辑处理（图 3-2-24）：基于油田业务场景的实际情况，许多复杂的业务场景需要通过大量的业务逻辑处理，因此可视化定制工具提供了代码注入功能，在满足简单业务逻辑的同时，能够满足复杂业务场景的功能实现。

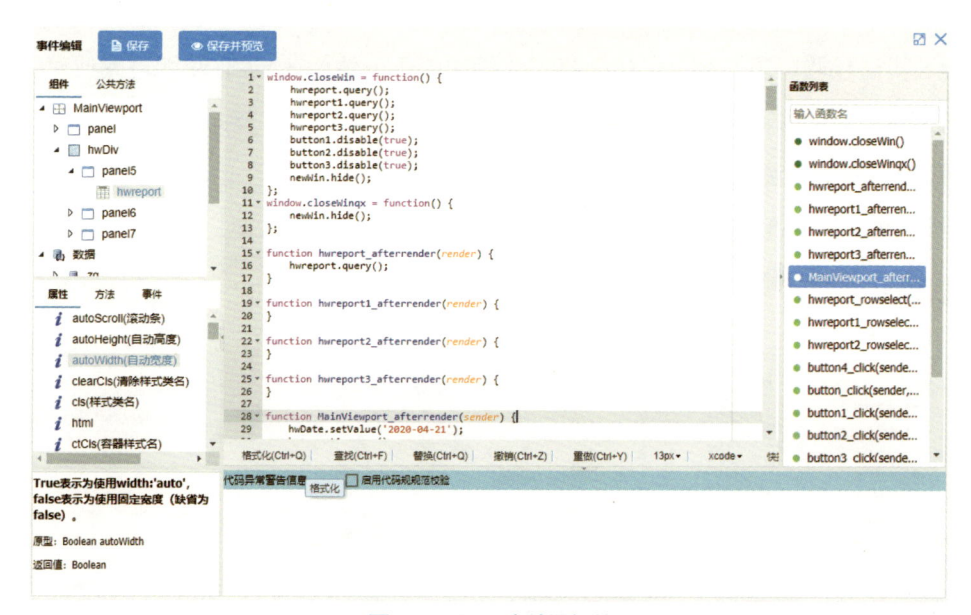

● 图 3-2-24 事件逻辑处理

⑥ 发布运行（图 3-2-25）：通过可视化定制工具定制完成的页面，通过一键发布、一键注册等功能可以将模块发布到平台或梦想云中运行，从整体上实现发布运行一体化。

— 139 —

● 图 3-2-25　发布运行

支持 JS 脚本的事件编写（图 3-2-26）：为保障个性化的业务应用需求，低码开发平台支持 JS 脚本注入功能，采用纯 Web 的脚本编写开发环境，集代码补全、语法校验、语法高亮、代码格式化等功能于一体，在 Web 端即可完成对业务逻辑代码的编写。提供了组件的方法、属性、事件的 API 及详细用法，提供了 VMD 封装的大量公共方法（全局参数、工作流、数据服务等），支持属性方法的自动级联，提高编写效率，让 JS 脚本的事件编写更加简单高效。

● 图 3-2-26　JS 脚本事件编写

协同、闭环、敏捷式的项目开发、定制与发布模式，云协同低码开发工具提供贯穿敏捷研发生命周期的一站式服务（图 3-2-27）。覆盖从需求分析、原型设计、模块开发、功能测试到发布运行的全生命周期，通过灵活的可视化定制、多人协作模式，提高团队的研发效率和产品质量。

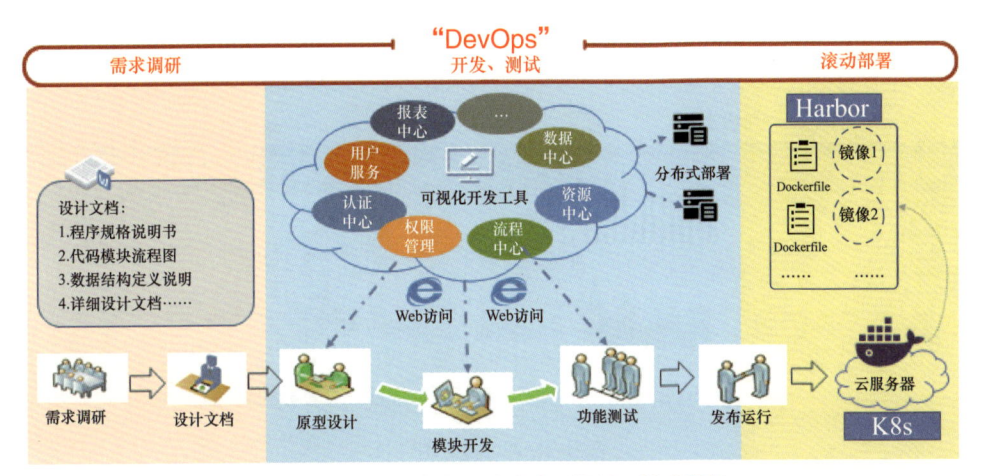

● 图 3-2-27　敏捷研发生命周期的一站式服务

云协同低码开发工具以统一业务规范、统一数据标准、统一技术标准为理念，通过对技术和业务能力的沉淀，积累了丰富可扩展的油田业务组件资源，并集成通用微服务、算法微服务、图件微服务、工作流服务、报表服务、模型管理服务、数据服务等，形成了可贯穿"数据+云平台+应用"的一体化可视化低码开发模式，成为一整套油田软件开发整体解决方案和方法论体系。

提供通用型的技术组件，与丰富的微服务体系深度集成，采用低码、可视化、拖拽式开发的模式（图 3-2-28），极大简化油田业务模块开发难度，便捷的云协同低码开发模式，适用于快速响应业务需求变化提升工作效率。

复合组件是低码可视化快速开发定制工具的核心，提供组件的自迭代能力，实现工具自扩充，达到可组装、可复用、高共享。通过基础组件的迭代组合，建立"高级"复合组件，形成可复用的资源，经过多年技术积累，大港油田提供了10大类50+通用型的技术组件（表 3-2-4），极大地简化了业务模块开发难度，适用于快速响应业务需求变化，提升模块开发效率。

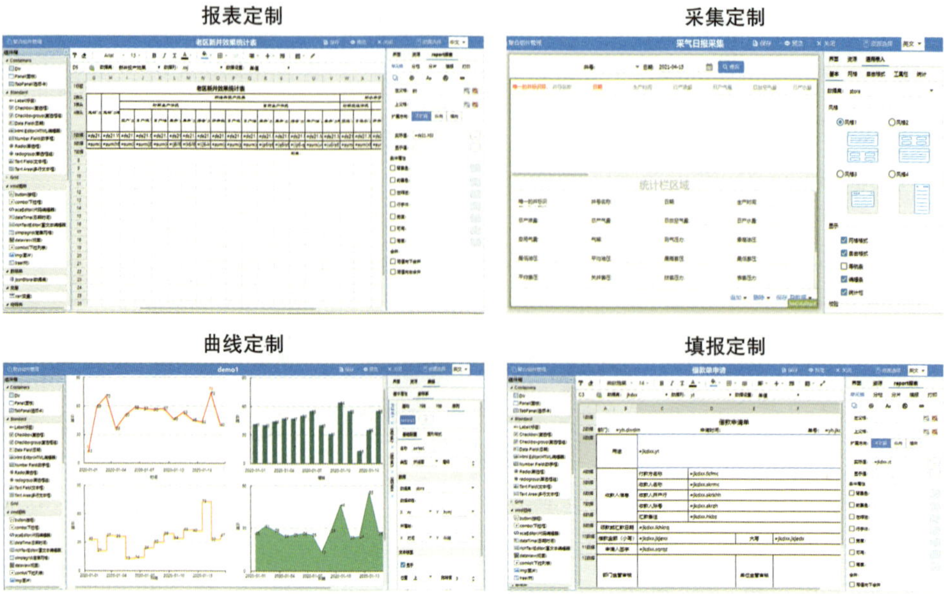

● 图 3-2-28 低码、可视化、拖拽式开发模式

表 3-2-4 复合组件表

序号	组件类别	相关组件
1	布局组件	图层、面板、选项卡
2	基本组件	标签、复选框、复选框组、日期、数字框、单选框、单选框组、文本框、按钮、下拉框、代码编辑器、富文本编辑器、简单网格、视图、下拉列表、菜单、菜单项、分割线等
3	数据服务组件	数据集组件
4	微服务组件	消息中心、日志中心、任务待办、文档中心、用户组件、权限组件、工作流组件等
5	通用录入组件	数据准备组件、采集录入组件、采集导出按钮、采集导入按钮
6	报表组件	导入组件、导出组件、打印组件、表头定制组件、报表组件
7	曲线图形组件	曲线组件
8	专业图形组件	井位图组件、测井曲线组件、录井图组件、示功图组件、等值图组件、开采现状图组件……
9	算法服务组件	油藏工程算法、常规算法、大数据智能 AI 算法
10	工作流程组件	为复杂业务提供业务流程支撑

高效的可视化布局，拖拽式定制。利用 Web 浏览器，基于绑定的丰富组件资源服务，采用可视化布局开发环境（图 3-2-29）、低码拖拽式配置开发、简单易操作的方式，高效、便捷地实现 PC 端图表定制、流程定制、大屏定制和移动端定制。

可视化布局，拖拽式设计

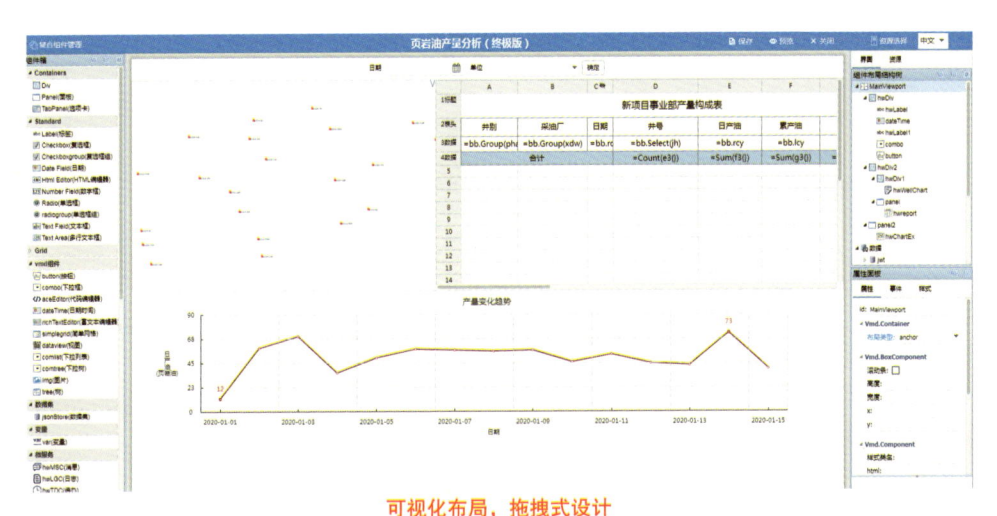

● 图 3-2-29　可视化布局开发环境

云协同低码开发工具可以有效地规范梦想云应用开发，提高梦想云系统开发效率，大港油田经过几年的技术攻关，完成了基于 H5 的图形化组件开发、拖拽式设计、可视化布局技术攻关，基本形成了 CLOUD VISION TOOLS 商品化工具，并基于此工具研发了第二代数字井筒系统、智能井分析系统、页岩油生产分析系统等多个应用系统，常规系统研发周期缩短至 2~4 周，系统开发效率提高 10 倍以上。

（5）研发港油全内核浏览器，实现了梦想云前端应用的有效兼容。

2020 年，大港油田统一部署了 PC 端行业办公型浏览器——港油浏览器，港油浏览器与中国石油统一认证进行了集成，统一访问现有的勘探开发专业系统、办公系统。港油浏览器特性及能力如图 3-2-30 所示。

港油浏览器与云平台、微服务中心贯通结合，集成相关的管理功能及微服务接口，使其兼具浏览器、平台的功能于一体，提供消息提醒与业务集成能力，用户登录后，实现通知公告、待办、已办、邮件等消息的集中展示与业务串联；通过 MQTT 协议，经平台助手与组件间建立通信机制，解决 B/S 调用 C/S 组件和 C/S 组件之间通信；面向业务应用，服务器端部署"Server 管理工具"，用来为业务应用提供指定内核、资源的上传、配置、下载等能力，做到尽可能少地改动老应用，就能为用户提供"自动与透明化"的浏览器适应体验。

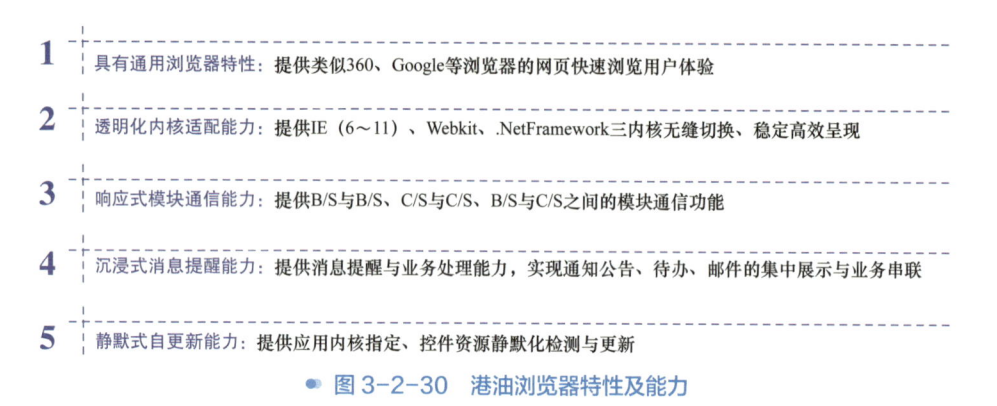

1. 具有通用浏览器特性：提供类似360、Google等浏览器的网页快速浏览用户体验
2. 透明化内核适配能力：提供IE（6～11）、Webkit、.NetFramework三内核无缝切换、稳定高效呈现
3. 响应式模块通信能力：提供B/S与B/S、C/S与C/S、B/S与C/S之间的模块通信功能
4. 沉浸式消息提醒能力：提供消息提醒与业务处理能力，实现通知公告、待办、邮件的集中展示与业务串联
5. 静默式自更新能力：提供应用内核指定、控件资源静默化检测与更新

● 图 3-2-30　港油浏览器特性及能力

港油浏览器将实现各类消息的集中展示，以及 B/S、C/S 异构应用间的业务串联，解决了原有系统需要调用不同浏览器的问题，极大地改进了用户应用体验。

真正为用户提供"一站式"工作体验，实现前端应用的有效兼容，为用户提供了高效、统一的基础工作。

（6）开发高效移动应用平台，拓宽了信息服务形式。

移动平台建成了一体化、分级权限的应用平台，具备较完备的移动管理、移动应用、移动插件，形成了体系化的移动应用规范标准，规范移动应用设计、开发、集成、安全和管理，提高了内部业务协同和办公效率。同时，移动端应用架构（图 3-2-31）实现与 PC 端架构协同一致，提供丰富的组件资源，形成组件资源库，按照能够"集成其他应用和被其他应用集成"的设计思路，打造符合大港油田特色的移动端应用框架，为移动端的高效开发提供了便捷的工具支撑，满足了移动端个性、灵活的需求变化。

移动端积累了人脸识别、语音识别、VPN、指纹、定位、移动邮箱、二维码扫描等若干功能插件，形成了相对完善的插件功能体系，可直接调用：

① 支持统一身份认证、VPN 登录、单点登录、AD 域认证等服务设置；

② 支持移动端资源调用，如摄像头、相册、地理定位、录音、视频解码等；

③ 支持第三方应用集成，无图标化安装、启动和更新；

④ 消息订阅接收与通知提醒；

⑤ 跨平台一致的用户体验，支持轻量、无痕的平台更新。

● 图 3-2-31　移动端应用架构

第三节　应用系统云化升级

随着梦想云的广泛推广及应用，大港油田针对现有存量信息系统开展了详细的梳理、分析及规划工作，优选了应用广泛、前景广阔、基础较好的存量信息系统开展云化升级工作，实现了部分存量系统在梦想云的发布及应用，取得了良好的效果。

一　云化升级思路

大港油田针对符合云技术条件，业务功能重叠、可复用的应用，结合企业专业应用情况，对系统进行功能拆分和组件重构，并进行服务化改造。大港油田企业存量应用上云方案如图 3-3-1 所示。

— 145 —

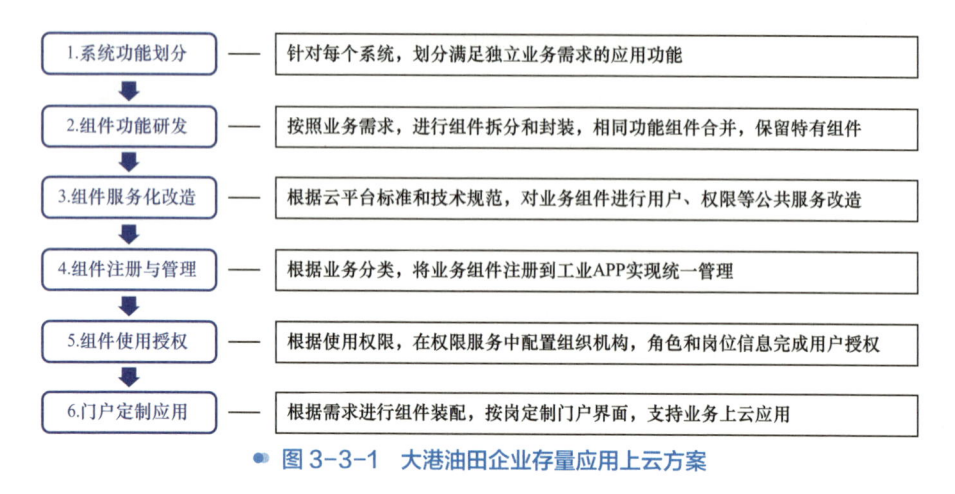

```
1.系统功能划分 —— 针对每个系统,划分满足独立业务需求的应用功能
        ↓
2.组件功能研发 —— 按照业务需求,进行组件拆分和封装,相同功能组件合并,保留特有组件
        ↓
3.组件服务化改造 —— 根据云平台标准和技术规范,对业务组件进行用户、权限等公共服务改造
        ↓
4.组件注册与管理 —— 根据业务分类,将业务组件注册到工业APP实现统一管理
        ↓
5.组件使用授权 —— 根据使用权限,在权限服务中配置组织机构,角色和岗位信息完成用户授权
        ↓
6.门户定制应用 —— 根据需求进行组件装配,按岗定制门户界面,支持业务上云应用
```

● 图3-3-1 大港油田企业存量应用上云方案

（1）业务功能划分，组件功能拆分、封装研发。

依据上游板块业务域体系标准，以及组件拆分、封装和开发技术规范，对存量应用进行业务分析重构、组件剥离与抽象重构优化（图3-3-2），按照具体业务需求，构建业务域体系，划分业务大、中、小类，建立大港油田统一的业务分类规范，实现相同功能组件合并，保留专有组件，确定复用、改造、新研组件的规划，启动研发。

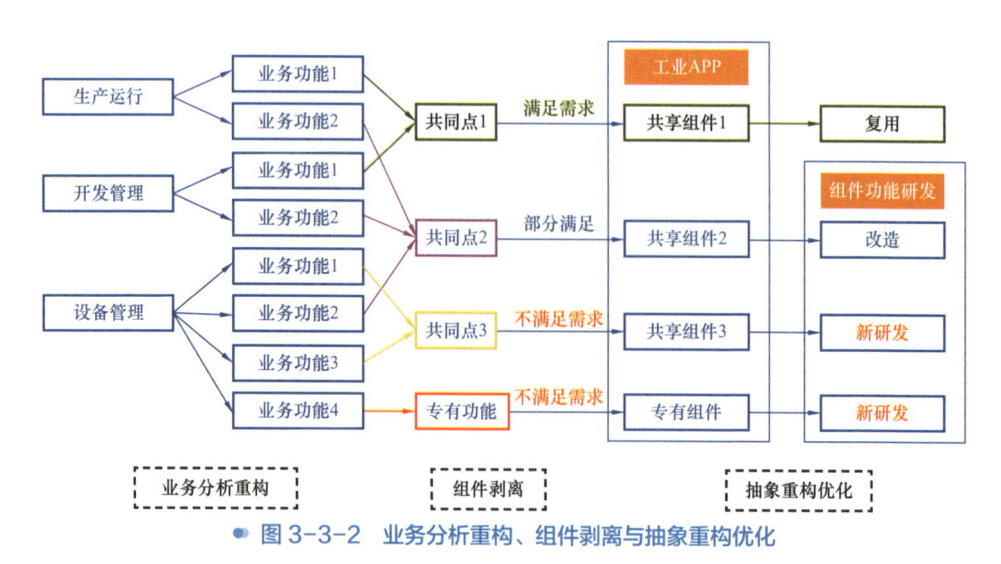

● 图3-3-2 业务分析重构、组件剥离与抽象重构优化

（2）业组件服务化改造。

根据梦想云平台标准和技术规范，对相关模块进行服务化改造，包括应用注

册、权限资源配置、统一认证改造、公共服务改造，包括日志服务、权限服务、短信服务、位置服务等功能改造，业务流程改造，接入云平台流程中心等。

（3）组件的注册、管理、发布。

根据业务分类将组件注册到工业APP应用商店中，实现统一注册、管理、发布（图3-3-3）。同时，研发人员根据业务应用需求进行组件装配，为用户按岗定制门户界面，完成业务的上云应用。

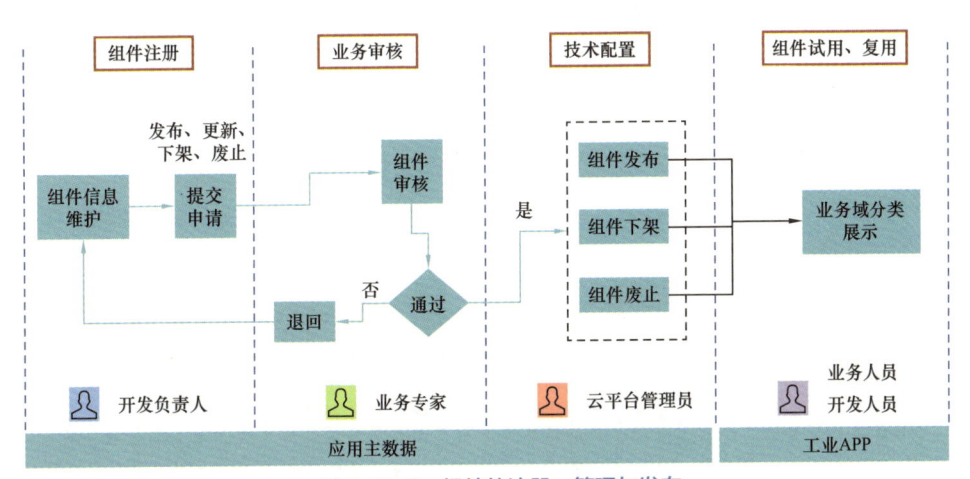

● 图3-3-3 组件的注册、管理与发布

二、云化升级应用示例

1. 专业软件云升级

大港油田勘探开发研究云于2012年正式上线运行，集中部署地质研究、地震解释、测井评价、储层反演、地质建模、数值模拟、钻井设计、工业制图等40余款专业软件，为油田公司勘探开发科研用户提供集硬件、软件、数据、应用于一体的信息技术服务，研究云先后在大港油田研究院、采油厂等10多家科研生产单位投入应用，完全取代了传统的单机工作模式，支撑600余名科研用户，大幅提高了勘探开发研究效率和水平。

在多年建设与应用过程中，平台系统开发与运维矛盾、资源池与应用均衡矛盾、服务颗粒度与应用需求矛盾日益凸显，为有效解决上述问题，大港油田将梦想云核心技术应用于勘探开发研究云。通过容器化部署建立 DevOps 环境，实现了开发与运维的一体化管理体系。通过服务抽象、面向对象（OOP），形成了与业务管理流程相匹配的业务中台。通过对已有的 24 项应用功能的云化重构，共形成了四个二级功能模块、20 个三级功能模块、22 个微服务应用，建设了支撑精细油藏描述、钻井工程设计等多种研究业务的中台，实现了专业软件云（图 3-3-4）由资源服务向 SaaS 模式的演进。

● 图 3-3-4　软件云功能架构图

（1）专业软件云门户。

遵循中国石油勘探开发梦想云平台环境标准，改造已有门户功能，扩展新增功能，构建基于梦想云平台的专业软件云门户模块。专业软件云门户模块为研究用户及管理员用户提供登录界面，实现软件资源、硬件资源的申请，并为研究用户形成用户专属的个性化桌面。同时，提供研究人员经验交流的社区环境，在云化升级改造过程中，拆解形成资源申请、桌面共享、软件云桌面、用户社区四个功能组件，设计开发微服务六个（表 3-3-1）。

（2）专业软件云资源管理。

按照梦想云平台架构和相关规范，对勘探开发协同研究云资源管理功能进行拆解、组件进行剥离，构建专业软件云资源管理模块。该模块根据软件的运行需要、研究用户的日常应用等情况，预先建立软件运行的集群模板。便于快速搭建软件运行环境、快速应答用户的调用。管理员通过该模块可快速进行物理服务器、存储资源、虚拟机、软件资源的管理与监控分析，在云化升级改造过程中，拆解形成硬件管理、虚拟机管理、软件管理、监控分析四个功能组件，设计开发微服务四个（表3-3-2）。

表 3-3-1 软件云门户微服务说明

序号	服务名	服务中文名称	调用说明
1	CloudRR	资源申请	调用资源申请服务，快速生产资源申请页面
2	UserDesktopShare	桌面共享	通过调用该服务，可以实现用户桌面显示及键盘鼠标共享给特定用户
3	UserDesktopMGT	桌面管理	通过调用该服务，可以实现用户桌面调用、回收、重置
4	SoftInfo	软件信息	部署软件名称、版本等信息
5	DataMGT	数据管理	研究数据的上传、下载与共享
6	DesktopQuery	桌面查询	根据用户、ID、名称查询桌面列表

表 3-3-2 专业软件云资源管理微服务说明

序号	服务名	服务中文名称	调用说明
1	ServerInfo	服务器信息	服务器状态信息查询，资源利用率查询
2	SystemControl	系统管理	系统管理与控制服务，进行系统启停与配置
3	ResourceAnalysis	资源统计分析	软件云后端计算资源使用分析统计
4	ImageMGT	镜像管理	系统与软件镜像管理

（3）许可证管理。

专业软件许可证管理主要面向专业软件云管理人员，实现各类专业软件许可监控预警、模块使用情况、模块到期预警、实时在线用户、超期在线用户、许可拒绝记录、许可预留、手动释放、动态释放、功能模块查询报表、多个功能使用分析等功能，在云化升级改造过程中，拆解形成八个功能组件，设计开发微服务八个（表3-3-3）。

表 3-3-3　许可证管理微服务说明

序号	服务名	服务中文名称	调用说明
1	LicServerControl	许可监控信息	对许可服务器进行添加、修改、删除、端口调整等操作
2	LicServerInfo	许可监控信息	给定服务器地址、管理方式后，可以获取许可证服务器相关信息，例如软件许可证模块使用情况等
3	LicSchedule	许可调度	许可证权限调度、回收、释放及白名单控制
4	LicReport	许可统计分析	提供许可使用情况信息
5	LicSubscribe	许可预留	许可预留，指定调用
6	LicWhitelist	软件白名单	用户调用白名单设置
7	LicReport	软件公报	生成软件应用公报
8	LicRemind	许可预警	提示到期许可及高占用率许可

（4）集群作业调度。

专业软件集群作业调度主要面向专业软件云管理人员，实现专业软件云后台支撑环境的各类集群模板管理、作业管理、集群管理、集群监控等功能，在云化升级改造过程中，拆解形成四个功能组件，设计开发微服务四个（表 3-3-4）。

表 3-3-4　集群作业调度微服务说明

序号	服务名	服务中文名称	调用说明
1	ClusterInfo	集群监控信息	提供软件云集群状态信息
2	ClusterControl	集群管理	集群上线、下线等控制操作
3	JobControl	作业控制	软件作业提交、暂停、终止操作
4	JobInfo	作业信息	查询运行作业状态信息

通过开展专业软件云环境构建，完成软件云门户、云资源管理、许可证管理、集群作业调度等模块的云化改造，有效满足了不同研究业务场景下的专业软件服务

需求，与勘探开发研究云相比，专业软件云基于微服务架构，进一步提升了专业软件共享服务能力，降低了系统集成难度，实现了专业软件服务的快速交付，有效解决了软件部署交付困难、运维管理烦琐等技术难题。同时，基于云化服务实现专业软件的快速上线与发布回收，专业软件云平台（图 3-3-5）已为精细油藏描述成果管理平台、梦想云软件共享考核提供了快捷的软件会话、许可共享、统计计量等微服务功能，大幅提升了研究资源云化服务能力及软件资产利用率。

● 图 3-3-5　专业软件云平台首页

基于梦想云平台，软件云已为勘探开发研究总院、大港油田、冀东油田等多家单位，700 余名科研用户提供软件应用服务，日活用户 300 余个，集成软件 40 余款，有效支撑精细油藏描述、钻井工程设计等研究业务，助推协同研究工作高效开展。

2. 三次采油模块云化升级

大港油田三次采油业务自开展以来就依托信息化技术开展了三次采油业务信息化管理系统的建设，打造全面、高效、便捷的三次采油管理功能，实现三次采油全生命周期管理。自 2011 年开始，先后开展了多期的三次采油信息化系统建设及完善，在用户交互性及图形方面，得到了用户的一致好评，同时也在中国石油范围内得到了一定的认可，具备升级上云的基础条件。

三次采油信息系统上云主要围绕三次采油业务需求，以大港油田为试点，遵循梦想云技术规范，建立三次采油模块，实现三次采油从立项研究、室内实验、方案编制、现场实施、生产管理、动态分析、效果评价到后评估的全生命周期管理，满足"中国石油总部—油田公司—试点区块"三级管理需求，填补了梦想云平台开发生产三次采油业务的空白，为智能化三次采油奠定了基础（图3-3-6）。

● 图3-3-6 三次采油梦想云平台

三次采油信息系统在云化升级的过程中，遵循勘探开发梦想云环境标准，全面拆分三次采油业务的具体需求，充分融合大港已建或在建系统，升级完善已有功能，扩展新增功能，构建了勘探开发梦想云三次采油模块，摸索了梦想云环境下存量系统升级上云的具体过程，积累了丰富的经验。

三次采油信息系统云化升级，实现了微服务的松耦合构建，提升了应用程序的整体敏捷性和可维护性，根据系统总体设计完成了三大类13个微服务开发（表3-3-5）。按照微服务架构，将整个系统分解为多个微服务模块，每个微服务完成一定的功能，通过服务编排，组合成一个有机的整体。模块之间由单体式的紧耦合变为松耦合。每个模块都相对独立，系统可以实现高速迭代，局部的更新不影响整体，降低了系统的运维难度。

表 3-3-5　三次采油模块服务接口

分类	服务名称	
数据中台	数据服务	datajob
业务中台	数据采集通用模块服务	datacollectioncommon
	动态分析管理服务	dynamicanalysis
	立项研究服务	eprore
	效果评价管理服务	evaluation
	文档管理	fastdfsupload
	工作流	flowable
	室内实验服务	laboratorytest
	项目实施管理服务	proimplementation
	用户权限角色管理服务	user
技术中台	日志服务	log
	软件集成服务	software integration
	网关服务	gateway

实现了容器化封装，以容器为基础，提高整体开发水平，形成代码和组件重用，简化云原生应用程序的维护。在容器中运行应用程序和进程，并作为应用程序部署的独立单元，实现高水平资源隔离。

实现了自动化管理，统一调度和管理中心，从根本上提高系统和资源利用率，同时降低运维成本。

整体上在梦想云环境下，大港油田三次采油业务的云化升级，充分融合已建或在建信息化系统，实现投资效益的最大化，为"降本增效"验证了可靠的软件开发模式，同时"服务化、迭代化、集成化"为三次采油智能化管理奠定了基础。

3. 注水效果评价模块云化升级

大港油田历年来高度重视注水管理工作，通过对注水业务的全面梳理，结合具体环节的需要，开发形成了大港油田注水效果定量化评价系统，通过对注水效果的定量化评价，找出影响开发效果的因素，分析存在的问题，明确油田潜力，研究挖潜技术，制定配套措施，开展综合调整，改善开发效果。该系统有效提升了大港油田精细注水水平，在勘探与生产分公司开发年会、其他兄弟单位交流中多次进行讲解及演示，得到了中国石油上游板块、各兄弟单位的一致认可及借鉴，为将该优秀做法推广，借助于梦想云，开展了该系统的云化改造升级工作。

系统总体设计遵循勘探开发梦想云环境标准，充分结合大港油田注水效果定量化评价系统业务逻辑，改造已有功能，扩展新增功能，构建基于梦想云平台的注水效果评价分析模块，完成了五个微服务开发（表3-3-6）。

表3-3-6 注水效果评价分析模块表

序号	服务名称	中文	调用说明
1	Index calculation	指标计算	30项指标计算服务
2	Index score	指标评分	各个指标评分计算与查询
3	Category score	大类评分	四大类指标评分计算与查询
4	Radar mapping	雷达图绘制	各类指标雷达图绘制
5	Index classification	指标分级	不同油藏指标分级

在梦想云环境下，实现了全方位的注水评价指标的涵盖。建立了包括30项注水指标的评价体系（图3-3-7），形成了一套注水指标计算及效果评价方法。开发了不同油藏类型、不同含水阶段评价指标的数值特征模型服务，将理论规律、统计规律、技术要求等描述转换为范围、变化规律、分级区间特征的数值描述。开发了指标评价图版服务，实现了注水效果评价的图形化展示，同时结合定性、定量评价计算模型，将注水效果从定性评价转变为定量评价，为有针对性做好注水工作提供了有力的工具支撑。

4. 勘探开发协同制图模块云化升级

勘探开发协同制图模块（图3-3-8），是在打通区域数据湖、地震解释软件数据库基础上，集成地震、测井、录井等多项数据，应用实时数据成图技术、面向对象技术及基于GIS导航的综合展示技术等打造的一款地质协同研究软件，能够实现地震实时数据连接、常用图件自动生成、井震结合分析等功能，简化一线员工制图工作量，集成多来源的数据，最大限度集成前人研究成果，提高勘探制图等研究的工作效率。勘探开发协同制图模块实现了勘探阶段常用图件的自动生成，并可实现多图联动井震结合分析，极大地提升了研究人员的工作效率，实现了对前人工作的最大继承，研究成果互相借鉴。功能强大、操作简单、易学易用，已成为勘探开发研究与工作人员日常工作的重要平台。

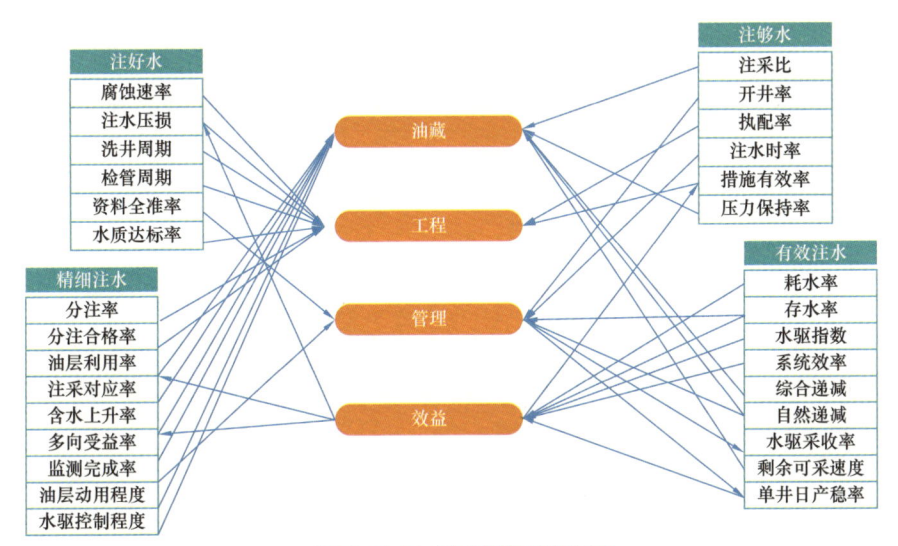

图 3-3-7　注水指标评价体系

图 3-3-8　勘探开发协同制图

大港油田按照梦想云平台架构和相关规范，对勘探开发协同制图模块功能进行拆解、组件进行剥离，通过服务抽象、模型优化，采用微服务架构、组件化开发、容器化部署，通过流水线构建将系统部署在云上，发布在应用商店中。通过对该模块的云化升级工作，共形成了六大功能、27个子功能，开发了20项微服务设计（表3-3-7），统一纳入梦想云平台进行服务注册编排与调用，该模块实现了在梦想云应用商店集成发布。

表3-3-7　勘探开发协同成图部分微服务说明

序号	服务名	服务中文名称	调用说明
1	OwsWellData	Ows地震井数据	提供Ows地震解释软件井数据读取服务
2	OwsSeiSurV	Ows地震测区	提供Ows地震解释软件地震测网、测区
3	OwsHorizonData	Ows地震层位数据	提供Ows地震层位数据读取服务
4	OwsFaultData	Ows地震断层数据	提供Ows地震断层数据读取服务
5	GeoWellData	Geo地震井数据	提供Geo地震解释软件井数据读取服务
6	GeoSeiSurV	Geo地震工区测区	提供Geo地震解释软件地震测网、测区
7	GeoHorizonData	Geo地震层位数据	提供Geo地震层位数据读取服务
8	GeoFaultData	Geo地震断层数据	提供Geo地震断层数据读取服务
...	......		
20	ZmpConvMap	构造图清绘转换	提供地震构造图清绘服务

第四节　云原生开发

基于梦想云的应用开发，可有效提高开发效率，提升应用功能共享水平。近两年来，大港油田新建项目严格按照梦想云开发规范，强化流程活动梳理与服务化设计，规范、丰富业务中台技术，滚动完善低码可视化开发平台，实现新建项目的高效开发，并在实际应用中取得了良好效果。

一、云化模块开发思路

系统开发架构不断演进（图3-4-1），云化架构正在广泛应用。微架构、代码化与协作是云化模块开发的三个显著特征。容器化、微服务、中台等云化开发技术的成熟，将复用的思想由技术层面提升到了管理层面，将部署运维迭代能力与系统开发整合为一个闭环，使云化模块应用价值凸显。

图 3-4-1 系统架构的演进

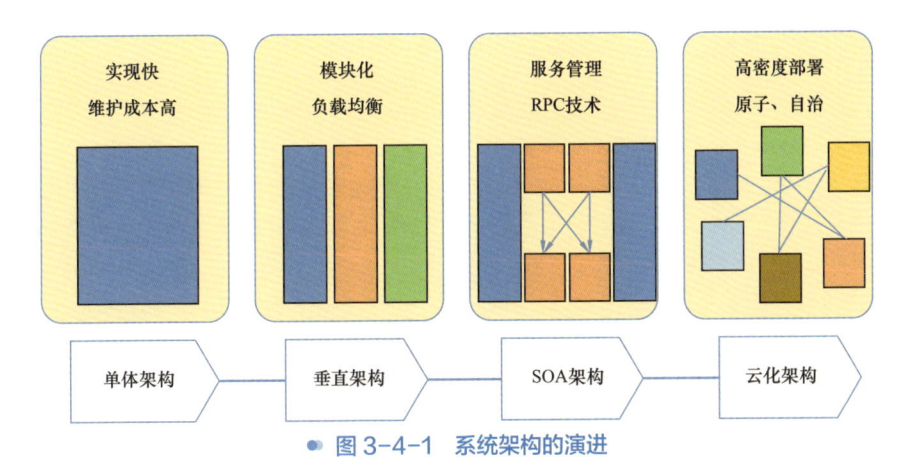

首先在系统规划设计阶段，要做到各模块间的解耦，按照业务流程定义模块间信息采集、处理和传递需求，对现有服务资源做到最大限度的复用，将采集信息、处理信息、报表信息以服务方式在微服务商店进行注册发布，特别是对于具有石油行业特点的图件，应当有明确的服务检索与在线调试机制，进而建立起业务中台。在开发阶段，要关注到持续部署需求，将代码与版本控制、流水线与部署环境的代码化管理，建立起高效的持续集成与持续部署（CI/CD），实现应用的快速迭代。

二 云化模块开发实例

1. 油藏描述成果管理模块开发

（1）基本概况。

油藏描述成果是油田开发各类方案编制的基础，是支撑开发生产重要的知识资产。对油藏描述成果统一规范管理，实现油藏描述成果共享，可以有效提升油藏描述研究工作效率和研究成果质量。但是油藏描述涉及专业广、软件多、成果复杂多样，对油藏描述成果进行有效管理、共享，一直是各油田信息化建设的一个痛点和难点。大港油田于 2019 年在勘探与生产分公司支持下，按照"两统一、一通用"总体要求，依托勘探开发梦想云环境研发了油藏描述成果管理模块。

> **小贴士**
>
> 油藏描述成果：油藏描述是对油藏进行定性、定量描述和评价的一项综合研究，涵盖地质、地球物理、测井评价、地质建模、数值模拟和油藏工程等专业，涉及专业软件多，成果复杂多样，油藏描述成果按照数据类型包括成果图件、成果数据表、报告多媒体和工区数据体。

（2）建设目标。

通过油藏描述成果管理模块实现油藏描述成果的资产化管理，建立油藏描述成果共享应用模式，推动油藏描述成果的深化应用，最终达到油藏描述成果"进得来、管得住、出得去、用得好"的目的。同时，通过油藏描述成果的规范化管理，提升油藏描述研究和油藏管理水平，支撑油气田增储上产工作。

（3）系统设计。

总体架构：油藏描述成果管理模块整体功能分为三个层次，包括数据源层（以成果上传功能为主体）、资产管理层（以云平台上的文件存储及成果信息库建立为主）和共享应用层（以与专业软件云集成的 Web 查询门户为主）（图 3-4-2）。

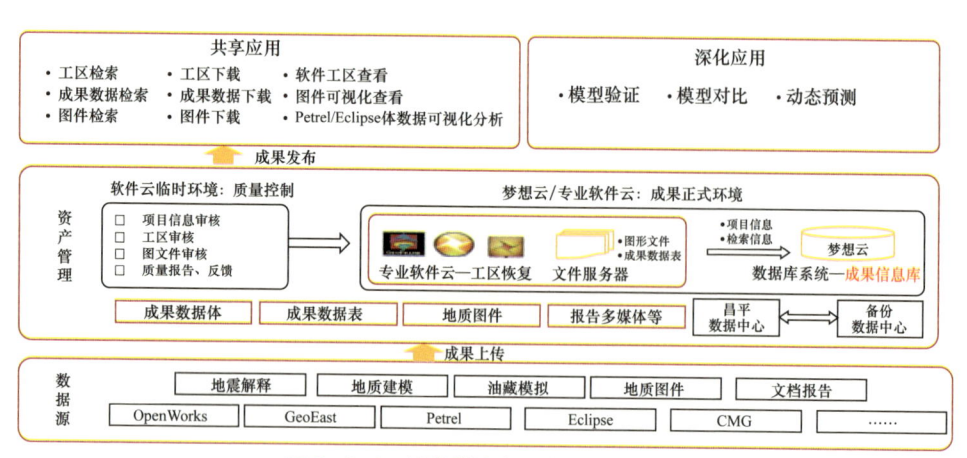

● 图 3-4-2　油藏描述成果管理模块总体架构

功能架构：油藏描述成果管理模块（图 3-4-3）一期建设共设计六大功能模块，分别是成果归档管理、成果查询检索、成果数据展示、成果统计分析、成果数据下载、成果质量管理，同时编制《勘探与生产分公司油藏描述成果管理规范》。

```
┌─────────────────────────────────────────────────────────────┐
│                    油藏描述成果管理模块                      │
└─────────────────────────────────────────────────────────────┘
  ┌──────────┐ ┌──────────┐ ┌──────────┐ ┌──────────┐ ┌──────────┐ ┌──────────┐
  │成果归档管理│ │成果查询检索│ │成果数据展示│ │成果统计分析│ │成果数据下载│ │成果质量管理│
  └──────────┘ └──────────┘ └──────────┘ └──────────┘ └──────────┘ └──────────┘
```

● 图 3-4-3　油藏描述成果管理模块功能架构

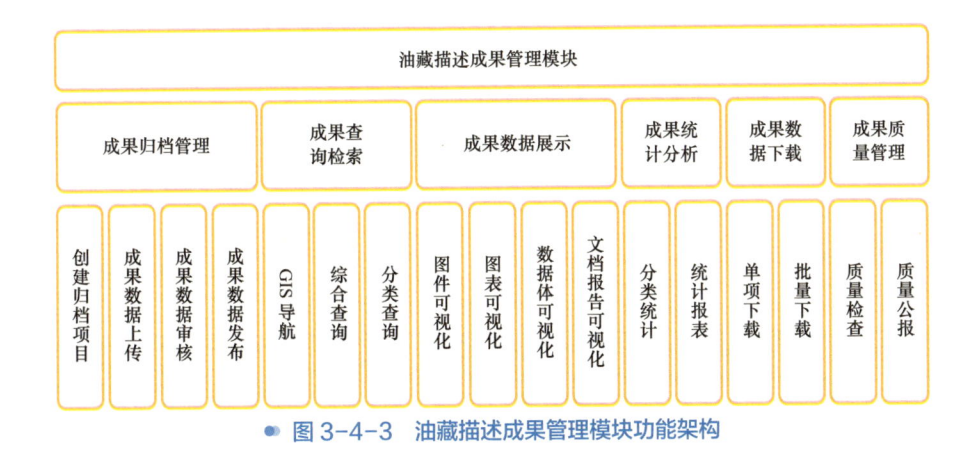

（4）云化开发。

油藏描述成果管理模块按照勘探开发梦想云平台架构和相关规范进行研发，采用微服务架构、组件化开发、容器化部署，该模块是勘探开发梦想云协同研究平台子模块之一，共形成了六个二级功能模块、17个三级功能模块、24个微服务应用。

成果归档管理：成果上传归档客户端支持多文件、大文件上传，实现目录式上传、多文件选择上传、断点续传、上传内容查询等功能，服务器端实现基于云端文件服务器的存储与管理。根据云化开发的要求，将其拆分为创建归档项目、成果数据上传、成果数据审核、成果数据发布四个功能组件，设计开发微服务五个（表3-4-1）。

表 3-4-1　成果归档管理微服务说明

序号	服务名	服务中文名称	调用说明
1	AchievementsArchiving	成果归档服务	支持大文件、多文件快速上传
2	UploadArea	成果上传区服务	存储新上传项目文件区域
3	FilingArea	成果归档区服务	存储审核通过项目文件区域
4	RecoveryArea	成果恢复区服务	存储专业软件可视化调用文件的文件区域
5	SeismicWorkArea	地震解释工区服务	存储专业软件可视化调用的地震解释工区文件

成果查询检索：实现对成果信息在线综合查询目录树查询。基于 GIS 导航，快速检索、定位工区，支持单条件、多条件符合查询，同时显示项目的简要信息。基于目录树，按照数据类型查询，同时显示数据文件列表。根据云化开发的要求，将其拆分为 GIS 导航、综合查询、分类查询三个功能组件，设计开发微服务 3 个（表 3-4-2）。

表 3-4-2　成果查询检索微服务说明

序号	服务名	服务中文名称	调用说明
1	GISServer	GIS 地图服务	GIS 导航，快速的工区定位，图文联动
2	ComprehensiveQuery	综合查询服务	按照检索条件查询检索各类成果数据
3	ClassificationQuery	分类查询服务	按照目录树分类详细展示各类成果数据

成果数据展示：专业软件成果可视化支持文档报告、数据表在线浏览，并基于专业软件环境，支持 Geomap、卡奔、双狐等主要制图原格式浏览和在线图片浏览，支持 Openworks、Petrel 等所有主流软件成果数据体在线打开。根据云化开发的要求，将其拆分为图件可视化、图表可视化、数据体可视化、文档报告可视化四个功能组件，设计开发微服务 10 个（表 3-4-3）。

表 3-4-3　成果数据展示微服务说明

序号	服务名	服务中文名称	调用说明
1	GeoMapViewer	GeoMap 软件服务	支持 GDB 格式图件可视化
2	DFDrawViewer	双狐软件服务	支持 .dfd、.dfb、.dml 文件格式可视化
3	GPTmapViewer	GPTmap 软件服务	支持 gpt 文件工区 .gmp 图件可视化
4	ResformViewer	卡奔软件服务	支持 .resc、.scg、.rmp、.wlp、.sec 文件可视化
5	PcgViewer	Pcg 在线预览软件服务	支持 .gdb、.dfd、.dml、.gdbx、.wlp、.scg、.resc、.rmp、.gmp 图件可视化
6	Sviewer	Sviewer 软件服务	支持地震解释工区文件可视化
7	PetrelViewer	Petrel 软件服务	支持三维地质建模文件可视化
8	ECLViewer	ECLViewer 软件服务	支持 Egrid、grid 数值模拟文件可视化
9	EclipseViewer	Eclipse 软件服务	支持 Off 数据文件可视化
10	CurveViewer	CurveView 软件服务	支持测井测试数据文件可视化

成果统计分析：对入库项目按照不同维度进行项目信息分类统计，并根据中国石油、地区公司需求生成统计报表，便于了解油藏描述项目开展情况。根据云化开发的要求，将其拆分为分类统计和统计报表两个功能组件，设计开发微服务两个（表3-4-4）。

表3-4-4　成果统计分析微服务说明

序号	服务名	服务中文名称	调用说明
1	StatisticalAnalysis	统计分析服务	不同维度的项目信息分类统计
2	StatisticalStatement	统计报表服务	不同维度的项目信息分类统计报表

成果数据下载：支持油藏描述成果各类文件的单个、批量下载和项目打包下载等功能。根据云化开发的要求，将其拆分为单项下载和批量下载两个功能组件，设计开发微服务两个（表3-4-5）。

表3-4-5　成果数据下载微服务说明

序号	服务名	服务中文名称	调用说明
1	FileDownload	文件下载服务	单个文件下载
2	ProjectDownload	项目下载服务	以项目的形式批量下载、打包下载

成果质量管理：通过自动检查与人工检查相结合的方式，对油藏描述项目归档信息完整性和工区数据体可用性进行检查，对成果质量进行评估，形成质量评估报告。按照云化开发的要求，将其拆分为质量检查和质量公报两个功能组件，设计开发微服务两个（表3-4-6）。

表3-4-6　成果质量管理微服务说明

序号	服务名	服务中文名称	调用说明
1	QualityInspection	质量检查服务	成果数据文件清单，以及文件完整度
2	QualityBulletin	质量公报服务	质量公报模板

（5）应用成效。

油藏描述成果管理模块自2020年4月23日上线运行以来，已完成大港油田24个油藏描述项目成果入库管理，并在长庆、大庆、塔里木、新疆、冀东等油田推广应用，实现了油藏描述成果资产的有效管理与保护。

通过油藏描述成果管理模块，为油藏描述业务提供了成果资产管理、可信管理、统一发布的信息平台，并提供油藏描述项目质量评估体系，确保油藏描述项目有效性、完整性验证，为提高上游油藏描述管理水平奠定了基础。一是建立了面向中国石油范围的油藏描述归档流程，实现了油藏描述成果集中与资产化管理，达到了成果数据"进得来"的目标；二是创新建立了基于专业软件云的成果管理环境，实现了油藏描述成果复杂异构数据的可信、可用性管理，达到了成果数据"管得住"的目标；三是创新软件工区可视化技术，实现油藏描述成果的统一发布，建立了简洁易用的成果发布页面，满足了用户对成果数据共享的需求，达到了成果数据"出得去"的目标；四是建立了油藏描述项目质量评估体系，确保了油藏描述成果归档资料完整性、准确性，确保为用户提供"出得去"的可靠可用数据。

2. 油水井智能分析模块开发

（1）基本情况。

以油水井生产实时监测数据为基础，集成视频监控、地理信息等数据，借助先进的大数据分析平台，融合人工智能技术与专家知识经验，打造智能井场生态应用，实现智能生产监控、工况诊断、生产预警、措施推送与产量预测等功能，并通过智能调参、智能调配等远程操控方法，实现井场实时生产优化和整体效能提升。

（2）工作目标。

油水井智能分析系统，聚焦油气生产现场管理，强化油水井生产监测、诊断分析，关注安全管控和巡回检查，简化日常报表录入与报送流程，实现主动安全生产预警，优化井场运行管理，提升生产与安全管控水平。

（3）系统设计。

架构设计：系统设计符合中国石油勘探开发梦想云架构体系，采用微服务架构、组件化开发、容器化部署。通过流水线构建将系统部署在云上，发布在应用商店中。系统总体架构设计分为数据层、技术平台层、应用层三个层级和标准管理体系，如图3-4-4所示。

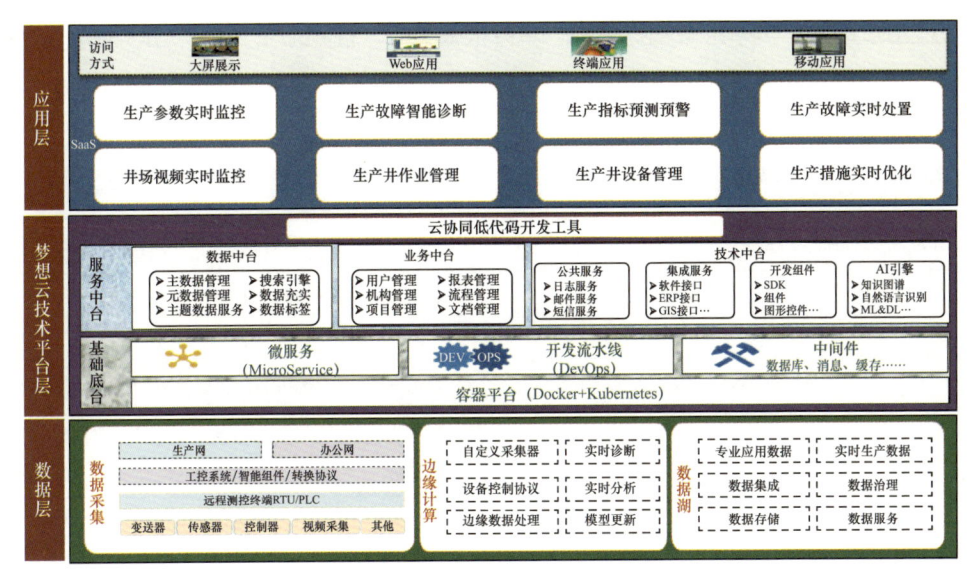

第三章　转型成果及成效

图 3-4-4　系统总体架构图

功能架构：基于地面生产应用统一平台，集成现有数据采集、视频与生产应用系统，融合大数据、机器学习等新技术，建设智能井场相关应用功能。对油水井智能分析系统相关子系统模块功能进行拆解、组件进行剥离，通过服务抽象、模型优化，共形成了四个二级功能模块、13 个三级功能模块、13 个微服务应用。油水井智能分析系统功能架构如图 3-4-5 所示。

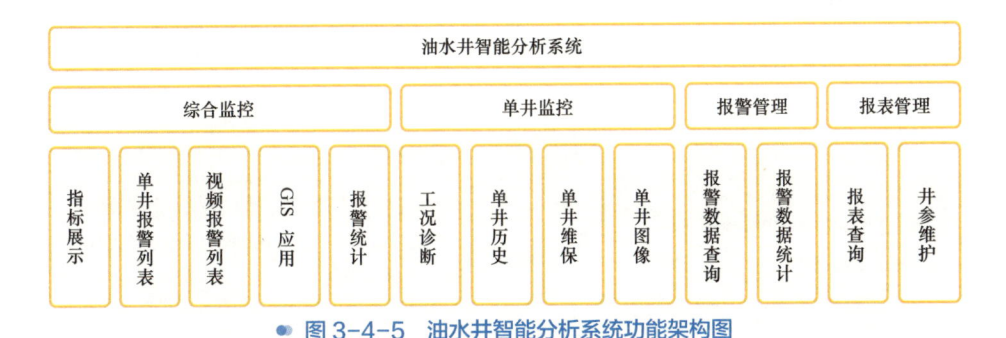

图 3-4-5　油水井智能分析系统功能架构图

（4）云化开发。

工况诊断模块：异常工况诊断模块主要包括异常工况警报列表及警报处置，实现对异常生产工况的管理，基于专家知识库，实现工况智能诊断分析，对每条预警信息自动推送预警原因、现象、风险及应急措施，提升预报警处置效率。在云化升

— 163 —

级改造过程中，拆解形成指标展示、单井报警列表、视频报警列表、GIS 应用、报警统计五个功能组件，设计开发微服务四个（3-4-7）。

表 3-4-7　综合监控微服务说明

序号	服务名	服务中文名称	调用说明
1	alarm data overview	报警总览	获取工况诊断报警及视频监控报警统计信息
2	single well alarm list	单井报警列表	获取单井报警列表，返回值：报警等级（1 为严重，2 为预警）
3	get camera index	视频报警信息	根据井号获取视频 ID，并获取视频报警信息
4	alarm data trend	报警趋势	根据查询要求，返回一段时间范围内容报警变化趋势

单井监控模块：实现抽油机井、螺杆泵井、电潜泵井、自喷井与注水注聚井的实时生产监控、生产参数变化报警，重点实现抽油机井的生产故障智能诊断与产量计算；实现生产井监控与视频接入的联动分析；实现生产井问题的综合处理管理。在云化升级改造过程中，拆解形成工况诊断、单井历史、单井维保、单井图像四个功能组件，设计开发微服务五个（表 3-4-8）。

表 3-4-8　单井监控微服务说明

序号	服务名	服务中文名称	调用说明
1	work diagram change trend	工况变化趋势	返回单井报警工况类型、发生时间、报警等级等信息
2	alarm list manager process select	报警处置	获取报警处置信息，返回值：evaluation result（评价结果，0 表示无效，1 表示有效）
3	contrast work diagram analysis	示功图分析	返回需要查询的多张示功图对比分析数据，返回值：cc（冲次）、cch（冲程）、zdzh（最大载荷）、zxzh（最小载荷）
4	sw well overhaul info list	检维修历史	单井检维修历史记录查询
5	image standard read	单井图像	返回单井图像文件

报警管理模块：实现生产井报警与视频报警的历史统计与历史趋势分析；实现重点问题生产井或重点报警视频的排名统计分析。在云化升级改造过

程中，拆解形成报警数据查询、报警数据统计两个功能组件，设计开发微服务两个（表3-4-9）。

表3-4-9 报警管理微服务说明

序号	服务名	服务中文名称	调用说明
1	compaas petroleum diagramanalysis list diagnosetype	报警类型	返回单井报警故障类型
2	alarm distribution well query history	报警统计	返回月度报警次数最多井 top 10

报表管理模块：实现油水井生产各类报表的数据查询、展示，支持报表数据下载；同时支持油水井参数维护。在云化升级改造过程中，拆解形成报表查询、井参维护两个功能组件，设计开发微服务两个（表3-4-10）。

表3-4-10 报表管理微服务说明

序号	服务名	服务中文名称	调用说明
1	Entity report in	报表录入	单井报表录入查询
2	get params by dxid	井参维护	根据井号列表获取单井生产参数

（5）应用效果。

油水井智能分析系统创新性地采用人工智能与大数据方法，加强了基层管理用户对油水井生产运行的安全管控，提升了对油水井应急工况的处置效率，目前在大港油田6家采油厂上线运行，取得了非常好的应用效果。

油水井智能分析模块管理大港油田5100余口油水井，通过模块应用，提高了故障诊断准确率，从而有效提升了抽油机井生产效率；为生产管理人员提供了实时有效的分析数据，从而有效减少了抽油机井核产工作量；减少了人工巡检频次，从而有效降低了人工成本。目前，已累计为8家二级单位开通账户1038个，日均用户访问量268人次，成为采油厂生产井日常生产监控、故障处置、报表管理的重要平台。

3. 站库安全预警模块开发

（1）基本情况。

站库安全预警模块围绕联合站日常生产监控、工况分析诊断及预报警管理，应用大数据、人工智能、物联网、移动应用、三维可视化等新技术，以模块化、组件化方式构建了站库应用能力预警、污水罐溢罐预警、生产关键参数移动应用推送等八个功能模块，创新了站库安全风险预警和管控管理模式，实现了隐患早期预警、问题快速处置、生产平稳运行，提高了站库 HSE 管理水平。

（2）工作目标。

以站库危险区域、重要风险源及风险因素辨识结果为依据，以实现生产平稳运行、隐患早期预警、生产过程可控、问题快速处置、强化安保措施、提高生产效率为目标。通过物联网技术与风险管理方法对接与融合，开展站库生产运行安全环保预警可视化管理系统建设，创新站库安全风险预警和管控管理模式，提高站库 HSE 安全管理技术水平。

（3）系统设计。

架构设计：系统设计符合勘探开发梦想云架构体系，采用微服务架构、组件化开发、容器化部署。通过流水线构建将系统部署在云上，发布在应用商店中。系统总体架构设计分为数据层、技术平台层、应用层三个层级和标准管理体系站库安全预警系统总体架构如图 3-4-6 所示。

● 图 3-4-6　站库安全预警系统总体架构

功能架构：系统功能内容包括生产运行和管理两大类 7 项应用功能（图 3-4-7）。生产运行类功能为生产监控、工况诊断、模拟仿真、设备管理、专家知识库；管理类功能为人员管理、移动应用。对站库安全预警系统相关子系统模块功能进行拆解、组件进行剥离，通过服务抽象、模型优化，共形成了七个二级功能模块、25个三级功能模块、21个微服务应用。

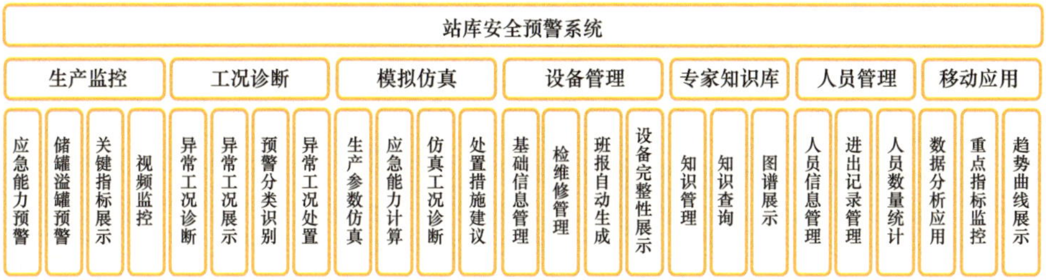

● 图 3-4-7 站库安全预警系统功能架构图

（4）云化开发。

生产监控模块：以二维或三维形式展示联合站生产工艺流程，实时生产数据监测，基于实时数据及后台模型算法，醒目显示站库剩余处理能力及异常工况预警信息。二维及三维组态监控页面集成站内视频监控，实现生产监控与视频监控快速联动。同时，基于实时数据及后台模型算法，在组态界面实现异常工况预警。在云化升级改造过程中，拆解形成应急能力预警、储罐溢罐预警、关键指标展示、视频监控四个功能组件，设计开发微服务三个（表3-4-11）。

表 3-4-11 生产监控微服务说明

序号	服务名	服务中文名称	调用说明
1	sw_emergency_warn/0.1.1/standard	全站剩余应急能力	获取指定站库的应急能力预警相关指标，包括实时总输入量、实时总输出量、今日累计输入量、今日累计输出量、剩余站库处理能力、剩余应急处理时间
2	user camera collection query	视频列表	获取场站内视频ID
3	compaas petroleum diagramanalysis diagramindicatormonitor	参数指标	获取关键生产参数趋势曲线数据

工况诊断模块：主要包含异常工况警报列表及警报处置，实现对异常生产工况的管理，基于专家知识库，实现工况智能诊断分析，对每条预警信息自动推送预警

原因、现象、风险及应急措施，提升预报警处置效率。在云化升级改造过程中，拆解形成异常工况诊断、异常工况展示、预警分类识别、异常工况处置四个功能组件，设计开发微服务四个（表3-4-12）。

表3-4-12　工况诊断微服务说明

序号	服务名	服务中文名称	调用说明
1	sw abnormal condition warn latest7/0.1.1/standard	异常工况预警（最近7日数据）	获取指定站库的设备异常工况预警信息，包括预警级别、异常设备、异常类型、预警时间
2	sw abnormal condition batchhandle/0.1.1/standard	异常工况处理（批处理）	根据站库、设备名称、预警级别、预警时间、所属系统、处理状态，获取异常工况列表
3	sw abnormal condition diagnosis/0.1.1/standard	异常工况诊断（查询）	获取指定异常工况的诊断及处理信息，包括所属输油系统、异常现象、原因分析、风险分析、处理措施、持续时间
4	sw abnormal condition handle/0.1.1/standard	异常工况处理（修改）	修改指定异常工况的处理信息，包括异常原因、风险分析、处理措施、处理人员、处理时间、系统诊断打分

模拟仿真模块：基于全站生产工艺流程仿真模型，通过手工调节关键生产参数，模拟日常生产情况，并对生产趋势信息进行可视化展示，仿真结果关联专家知识库，针对可能发生的异常工况进行预警，可对工艺流程仿真、参数变化趋势预测和应急处置提供建议。在云化升级改造过程中，拆解形成生产参数仿真、应急能力计算、仿真工况诊断、处置措施建议四个功能组件，设计开发微服务两个（表3-4-13）。

表3-4-13　模拟仿真微服务说明

序号	服务名	服务中文名称	调用说明
1	sw emergency warn/0.1.1/simulation	全站应急能力预警（模拟仿真）	获取指定站库的应急能力预警相关指标，包括实时总输入量、实时总输出量、今日累计输入量、今日累计输出量、剩余站库处理能力、剩余应急处理时间
2	sw abnormal condition diagnosis/0.1.1/simulation	异常工况诊断（查询—模拟仿真）	获取指定异常工况的诊断及处理信息，包括所属输油系统、异常现象、原因分析、风险分析、处理措施、持续时间

设备管理模块：集成 ERP 系统及 A5 系统设备基础信息、维护信息等，自动累加设备运行时间，生成运行班报，实现了检维修的自动提醒。基于实时数据分析，实现设备预测性维护，提升设备管理水平。在云化升级改造过程中，拆解形成基础信息管理、检维修管理、班报自动生成、设备完整性展示四个功能组件，设计开发微服务五个（表 3-4-14）。

表 3-4-14 设备管理微服务说明

序号	服务名	服务中文名称	调用说明
1	sw deviceinfo overview/0.1.1/standard	设备信息展示（总览）	获取指定站库的设备概览，包括总设备、动设备、在线设备、检修预警设备数
2	sw deviceinfo detail/0.1.1/standard	设备信息展示（详细）	获取指定站库的设备列表
3	station library device info/0.1.1/standard	设备信息维护（编辑栏默认值）	设备信息维护（编辑栏默认值）
4	update station library device info/0.1.1/standard	设备信息编辑	设备信息编辑
5	station library device info update/0.1.1/standard	设备信息导入	设备信息导入

专家知识库模块：利用知识图谱技术，整合马西和港东联应急预案及其他相关站库安全资料，建立基于历史案例及专家经验的知识库，用户可对专家知识库进行智能查询和自主维护，提升知识资产应用价值。在云化升级改造过程中，拆解形成知识管理、知识查询、图谱展示三个功能组件，设计开发微服务两个（表 3-4-15）。

表 3-4-15 专家知识库微服务说明

序号	服务名	服务中文名称	调用说明
1	file knowledge/0.1.1/standard	文档数据列表读取	从服务端读取文档数据
2	file upload/0.1.1/standard	知识图谱文档导入	知识图谱文档导入

人员管理模块：接入人脸识别门禁系统，实现对站内工作人员及外来人员的进出站管理，优化进出站流程，用户可对人员基本信息进行维护和更新。在云化升

级改造过程中，拆解形成人员信息管理、进出记录管理、人员数量统计三个功能组件，设计开发微服务三个（表3-4-16）。

表3-4-16 人员管理微服务说明

序号	服务名	服务中文名称	调用说明
1	user management overview/0.1.1/standard	人员概览	包括内部人员、外来人员
2	user management search/0.1.1/standard	获取人员列表	根据指定关键字及人员进站状态获取人员列表
3	user management insert/0.1.1/standard	人员信息采集	添加人员信息、入站信息及备注信息

移动应用模块：通过大港油田移动应用平台、短信、腾讯通（RTX）等方式，将生产关键参数的异常情况推送到技术人员的移动终端，实现技术人员对现场生产情况的实时监控。在云化升级改造过程中，拆解形成数据分析应用重点指标监控、趋势曲线展示三个功能组件，设计开发微服务两个（表3-4-17）。

表3-4-17 移动应用微服务说明

序号	服务名	服务中文名称	调用说明
1	push info query/0.1.1/standard	推送设置查询	推送设置查询
2	push info insert/0.1.1/standard	推送设置新增	推送设置新增

（5）应用效果。

通过系统建设，满足站库生产、设备运行、人员动态以及应急管理相关业务需求，创新站库安全风险预警和管控管理模式，提高站库HSE安全管理技术水平，提高劳动生产效率，降低生产安全隐患，降低用工量及用工成本。

在大港油田港东联合站、马西联合站试运行以来，取得了提升了风险管理模式、提高了本质安全水平、提高了人员工作效率、降低了安全隐患、降低了用工成本"三提两降"的效果，实现了站库安全管控由"事后报警"向"事前预警"的大跨越，有力支撑了中国石油本质安全和提质增效。

4. 管道完整性分析模块开发

（1）基本情况。

管道与站场完整性管理模块以完整性管理为核心，融合智能化与可视化，为一线用户提供标准化和规范化的管理流程和服务，实现了对管道历史、基础、运行管理、完整性评价等数据的集中采集，实现了管道完整性报表管理、分析评价、决策支持、监测报警的信息发布，实现了日常巡检、风险评价、检测评价、维修维护等业务管理工作流程化，保证管道完整性业务管理规范化、标准化，从而为全面掌握管道和站场运行状态及风险、减少事故发生、确保管道和设备始终处于安全受控的状态提供信息和决策支持。

（2）工作目标。

建设以油气田管道完整、提高本质安全为目标的大港油田管道完整性管理统一系统。实现对管道历史、基础、运行管理、完整性评价等数据的集中采集，保证管道完整性管理工作有序开展；实现管道完整性报表管理、分析评价、决策支持、监测报警的信息发布，保障管道安全平稳运行；实现日常巡检、风险评价、检测评价、维修维护等业务管理工作流程化，保证管道完整性业务管理规范化、标准化。

（3）系统设计。

架构设计：系统设计符合中国石油勘探开发梦想云架构体系，采用微服务架构、组件化开发、容器化部署。通过流水线构建将系统部署在云上，发布在应用商店中。系统总体架构设计分为数据层、技术平台层、应用层三个层级和标准管理体系，如图3-4-8所示。

功能架构：系统功能设计遵循完整性管理"五步法"流程，实现了对管道与站场数据采集、高后果区识别、风险评价、检测评价、维修维护、效能评价等完整性管理各个环节的业务管理，满足了油气生产单位完整性业务管理需求。对管道完整性管理系统相关子系统模块功能进行拆解、组件进行剥离，通过服务抽象、模型优化，共形成了四个二级功能模块、18个三级功能模块、22个微服务应用。管道完整性管理系统功能架构如图3-4-9所示。

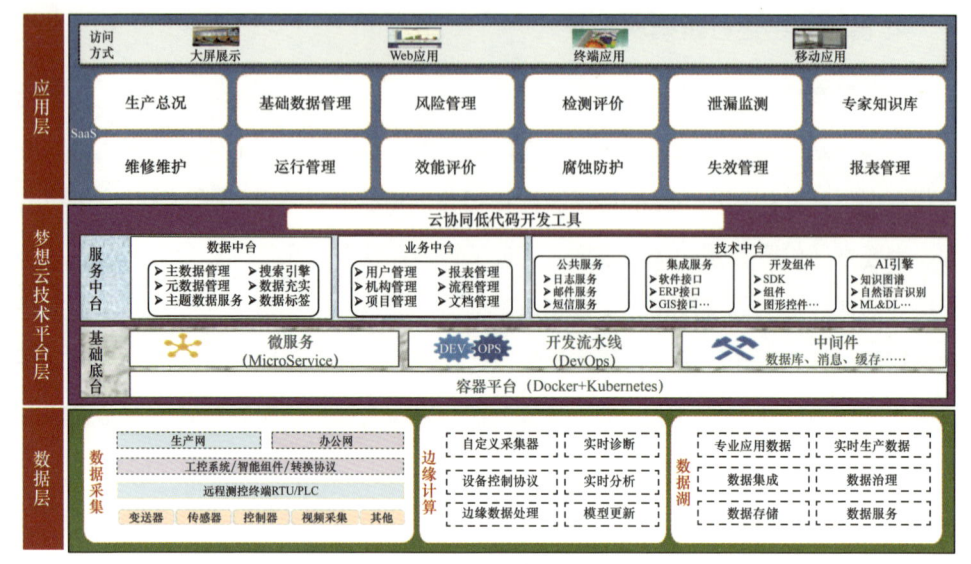

● 图 3-4-8　管道完整性系统总体架构

● 图 3-4-9　管道完整性管理系统功能架构图

（4）云化开发。

系统首页模块：展示管道总里程、管道分类占比及检测评价完成情况等重点生产指标，同时与 GIS 系统集成实现对管道信息及管道路由的综合查询管理，并提供辅助日常业务管理及综合统计查询相关功能应用。在云化升级改造过程中，拆解形成生产总况、综合管理、辅助业务管理、综合统计查询四个功能组件，设计开发微服务四个（表 3-4-18）。

完整性管理模块：基于完整性管理"五步法"流程，实现从管道基础数据采集、高后果区识别及风险评价、检测评价、维修维护到效能评价的全流程管理。在云化升级改造过程中，拆解形成基础数据管理、检测评价管理、风险管理、失效管理、效能评价等 11 个功能组件，设计开发微服务 12 个（表 3-4-19）。

表 3-4-18 系统首页微服务说明

序号	服务名	服务中文名称	调用说明
1	/find/pipeline/proportion/v1	管线占比	获取不同分类管道占比情况
2	/find/factory/proportion/v1	厂区管线占比	按照采油厂返回各厂管道长度
3	/find/integrated/completion/rate/v1	"双高"完成率统计	返回高后果区、高风险管道完成率数据
4	/find/integrated/length/v1	高后果区长度、段数统计	返回高后果区段数及长度数据

表 3-4-19 完整性管理微服务说明

序号	服务名	服务中文名称	调用说明
1	/invalid/calculate/monthnumber/year/v1	失效次数统计	当年 12 个月的失效次数统计数据
2	/invalid/calculate/unitrate/year/v1	失效率统计	单位当年的失效率统计数据
3	/repair/calculate/month/info/v1	管道修复统计	读取当月的统计数据，如次数、处置率
4	/filemanager/repair/upload/v1	文件上传	检测评价报告文件上传
5	/detect/calculate/basic/info/v1	检测评价统计	完成检测评价数量、检测里程统计
6	/detect/calculate/unit/detect/v1	检测评价完成情况	各油气生产单位检测评价完成情况
7	/maintenance/various/count	管道修复统计	管道修复数量、防腐层修复数量
8	/maintenance/file/check/name/v1	文件上传确认	文件名称是否存在
9	/corrosionprotec/coverage/rate	阴极保护覆盖率	返回阴极保护覆盖率
10	/corrosionprotec/qualified/rate	阴极保护合格率	返回阴极保护合格率
11	/riskmanager/calculate/high/number/v1	高后果区统计	各生产单位高后果区数量统计
12	/riskmanager/calculate/high/segment/count/v1	高后果区段数统计	返回各生产单位高后果区段数统计

智能管道模块：利用三维可视化组件，构建与 GIS 系统相融合的三维可视化场景，在三维场景中可查看管道基础信息，查询管道路由，查看管道重点区域视频监控，并调取查阅管道全生命周期维修维护信息等内容。基于管道应急处置预案、

维护保养措施等知识来源，构建了管道专家知识库，实现了管道日常管理知识经验的智能查询。在云化升级改造过程中，拆解形成三维管道、专家知识库两个功能组件，设计开发微服务两个（表3-4-20）。

表3-4-20　智能管道微服务说明

序号	服务名	服务中文名称	调用说明
1	file knowledge/0.1.1/standard	文档数据列表读取	从服务端读取管道相关文档数据
2	file upload/0.1.1/standard	知识图谱文档导入	知识图谱文档导入

报表管理模块：满足管道完整性管理日常报表需求，基于灵活报表工具，实现了管道月度指标统计表、新改扩建管道月度统计表、失效月度统计表等多张报表的数据采集录入、汇总及展示。在云化升级改造过程中，形成报表管理功能组件，设计开发微服务四个（表3-4-21）。

表3-4-21　报表管理微服务说明

序号	服务名	服务中文名称	调用说明
1	/entity/statistics/grid	报表更新时间	统计界面表格数据带有更新时间
2	/entity/report/in	报表录入查询	管道报表录入查询
3	/entity/{name}/data/export	报表下载	按ID下载报表
4	/{name}/filter/export	报表查询	返回报表查询结果

（5）应用效果。

通过系统建设不断提升大港油田管道与站场完整性管理水平，降低管道与站场设备运行风险，保障了管道安全平稳运行，节省了大量的人力成本及运行成本，同时不断推进管道管理智能化应用水平，最终实现完整性管理工作常态化。

模块遵循完整性管理"五步法"流程，开发了五项功能、20个模块，实现了对管道与站场数据采集、高后果区识别、风险评价、检测评价、维修维护、效能评价等完整性管理各个环节的业务管理，满足了油气生产单位完整性业务管理需求。通过模块应用，进一步提升了大港油田管道与站场完整性管理水平，降低了管道与站场设备运行风险，保障了管道安全平稳运行，节省了大量的人力成本及运行成本，助推了管道管理智能化应用水平和完整性管理工作常态化。

5. 作业区生产管理模块开发

（1）基本情况。

作业区管理平台模块打造了"智能井场、智能管道、智能站库"一体化智能应用生态，通过作业区级生产监控、调度、指挥一体化生产管控功能，打造了作业区级生产管控中心；通过对"油井—管道—站场—管道—水井"实时生产状态监控，实现了异常工况地面工艺全流程系统性联动分析；通过梳理业务流程，确定业务过程产生唯一数据源，实现了一次源头采集多方复用引用；通过业务流程化、数据标准化、工作规范化，实现了生产管理工作受控运行；通过满足作业区级生产管理集中监控、集中管控、统一调度指挥地面生产一体化管理业务需求，全面提升了作业区级生产管理水平。

（2）工作目标。

项目建设以数字化转型、智能化发展为引领，以"油公司"模式改革为契机，以提质增效为目的，围绕作业区生产管理相关的岗位需求进行功能的设计与开发，通过对油井—管道—站场—管道—水井实时生产状态监控，并与工业视频系统集成融合；实现异常工况地面工艺全流程系统性联动分析及地面生产全生命周期实时管控。通过梳理业务流程，确定业务过程产生唯一数据源，实现一次源头采集多方复用引用；通过业务流程化、数据标准化、工作规范化，实现生产管理工作受控运行；通过项目建设，满足作业区级生产管理集中监控、集中管控、统一调度指挥地面生产一体化管理业务需求，全面提升作业区级生产管理水平。

（3）系统设计。

架构设计：系统设计符合中国石油勘探开发梦想云架构体系，采用微服务架构、组件化开发、容器化部署。通过流水线构建将系统部署在云上，发布在应用商店中。系统总体架构设计分为数据层、技术平台层、应用层三个层级和标准管理体系，作业区生产管理平台总体架构如图 3-4-10 所示。

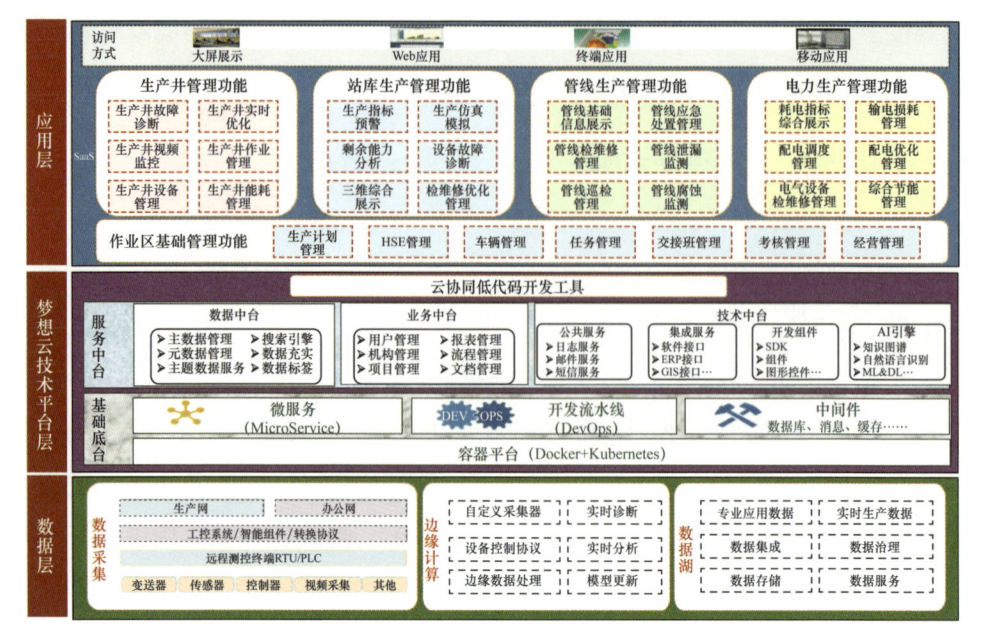

● 图 3-4-10　作业区生产管理平台总体架构

功能架构：系统建设六大功能模块，包括作业区综合生产管理、作业区生产过程集中监控、作业区生产预报警集中管控、作业区生产管理统一调度、业务报表管理、数据采集。对作业区生产管理平台相关子系统模块功能进行拆解、组件进行剥离，通过服务抽象、模型优化，共形成了五个二级功能模块、15 个三级功能模块、15 个微服务应用。作业区生产管理平台功能架构如图 3-4-11 所示。

● 图 3-4-11　作业区生产管理平台功能架构图

（4）云化开发。

生产管理模块：对作业区宏观生产运行状态进行展示，对作业区生产计划、生产指标变化、重点变化井、产能建设、井下作业及重点工作的完成与上报情况进行综合展示，满足作业区生产例会业务需求。在云化升级改造过程中，拆解形成生产计划、生产指标、产能建设、重点工作四个功能组件，设计开发微服务三个（表3-4-22）。

表3-4-22　生产管理微服务说明

序号	服务名	服务中文名称	调用说明
1	/macroscopic/plan/completion/v1	计划完成情况	返回生产计划完成情况
2	/macroscopic/water/flooding/completion/v1	注水情况	返回作业区注水生产数据
3	/macroscopic/output/completion/v1	产油情况	返回作业区采油生产数据

集中监控模块：包括井生产监控、管道生产监控、站库生产监控子功能模块。规划集中监控主页面，重点监控对象，可配置轮巡区域，可下钻到独立的监控系统查看详细信息，实时集中监控井生产状态、设备运行状态。在云化升级改造过程中，拆解形成生产井监控、管道监控、站库监控三个功能组件，设计开发微服务三个（表3-4-23）。

表3-4-23　集中监控微服务说明

序号	服务名	服务中文名称	调用说明
1	single well alarm list	单井监控	获取单井报警监控列表数据
2	pipeline alarm list	管道监控	获取管道报警监控列表数据
3	station alarm list	站库监控	获取站库报警监控列表数据

集中管控模块：生产井运行监控可视化报警管理、管道与站场完整性管理、站库安全预警可视化管理、生产调度管理功能；规划集中管控主页面，实现预报警信息集中处置和地面生产全过程联动分析。在云化升级改造过程中，拆解形成报警查询、报警处置二个功能组件，设计开发微服务三个（表3-4-24）。

生产调度模块：规划统一调度指挥主页面，建立地面生产全过程从计划任务到生产工作业务流程化管控；生产信息自动采集与集成，使用报表工具实现生产数据统计分析，生产报表数字化报送，无纸化办公；对重点工作进展实时跟踪，应急安全事件和现场巡检管理工单化管理，实现生产事件统一调度指挥。在云化升级改造过程中，拆解形成调度管理、生产运行管理、综合管理三个功能组件，设计开发微服务四个（表3-4-25）。

表 3-4-24　集中管控微服务说明

序号	服务名	服务中文名称	调用说明
1	/productmonitor/productwell/info/v1	生产井管理数据	获取生产井相关管理数据
2	/maintenance/repair/list	维修维护管理	返回维修维护信息列表
3	/a11/stationhouse/standardservice/workzone station warning batchprocess/0.1.1/standard	报警列表	根据查询条件，返回报警列表信息

表 3-4-25　生产调度微服务说明

序号	服务名	服务中文名称	调用说明
1	/macroscopic/omprehensive/v1	综合管理	作业区报表数字化等综合管理信息
2	/macroscopic/plan/completion/v1	计划完成情况	返回计划任务完成情况数据
3	/workarea/workflow/task/yesterday/list/v1	昨日变化井的工单	返回前一天变化井工单派发数据
4	/wellmonitor/standardservice/workzone well changes query overview/0.1.1/standard	重点变化井查询	根据查询条件，返回生产井参数变化信息

数据采集模块：通过集成自动采集的数据及人工补录、人工审核的方式，实现作业区岗位数据统一录入及业务数据应用统一提取，形成数据录入的统一标注服务，减少数据录入过程中的人工数据整理与重复录入。在云化升级改造过程中，拆解形成数据录入、数据汇总、数据展示三个功能组件，设计开发微服务两个（表3-4-26）。

（5）应用效果。

通过作业区生产管理平台的建设，压缩精简基层职能部门，实现采油生产管理与专业化操作队伍的明确分工，推行"管理＋技术＋核心技能岗位"直接用工，打造智能化管理模式的油田企业，实现与国际化接轨。

表 3-4-26　数据采集微服务说明

序号	服务名	服务中文名称	调用说明
1	/workarea/workflow/process/info/v1	流程查询	通过 ID 查询数据录入流程信息
2	/workarea/workflow/process/deal/v1	通用流程	用于处理数据录入工单派发通用流程
3	/workarea/workflow/process/cancel/v1	取消流程	取消数据采集流程

6. 决策指挥中心模块开发

随着工业化与信息化的融合发展，多年来大港油田在勘探开发信息化方面形成了具有行业特点、大港特色的勘探开发信息化成果，有力地支撑了大港油田勘探开发业务的高效开展。随着数字化转型、智能化发展的全面推进，依托信息技术实现业务流程再造、管理模式变革、技术手段升级，成为公司数字化转型、智能化发展的重要途径，大港油田审时度势、高瞻远瞩，从公司未来发展需要出发，利用自动化、一体化、协同化、智能化实现业务提档升级，通过远程、实时、协同、集成、统一的智能生产指挥决策实现各项工作统一协调、快速推进，开展了大港数智决策中心的建设。

（1）数智决策中心软件平台设计。

大港油田数智决策中心以"运行调度、应急指挥、协同联动、智能决策"为指导，通过实时感知、深度互联、智能应用等，打造纵向贯穿、横向覆盖、软硬件结合的数智决策智能指挥决策体系，实现大港油田生产运行过程全面监控、调度管控、应急指挥、协同联动、智能决策等，以更加精细和动态的方式管理大港油田生产全过程，打造集中、共享、协同、智能的油田生产指挥体系，推动大港油田由数字油田向智能油田迈进。大港油田数智决策中心架构如图 3-4-12 所示。

大港油田数智决策中心主要基于梦想云平台进行开展，通过微服务架构实现大港油田数据资源、系统资源的共享，通过数据环境建设、可视化集成、业务服务定制、应用场景构建等功能，实现各类应用展示。

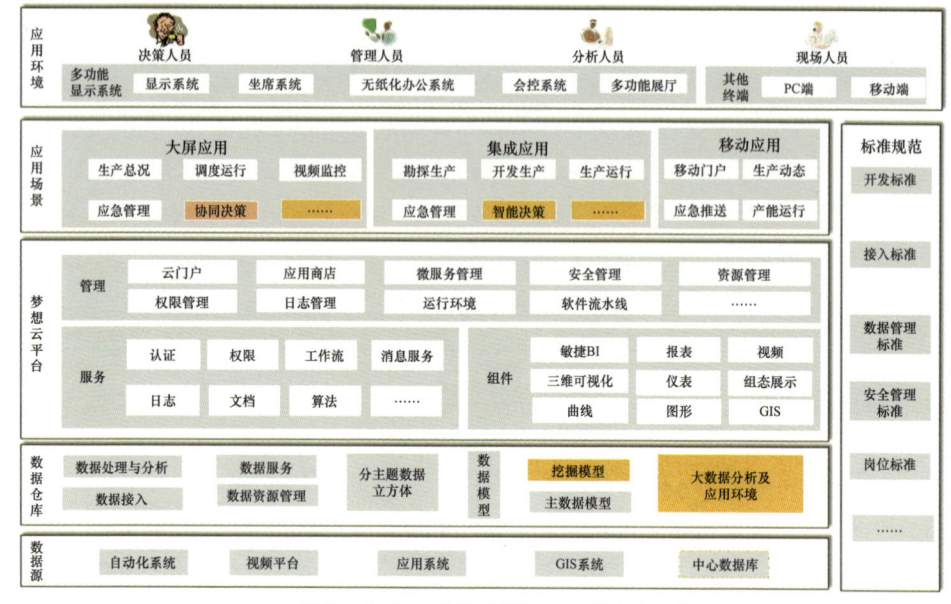

● 图 3-4-12　大港油田数智决策中心架构

（2）数据决策中心软件平台建设内容。

数智决策中心软件平台主要包括大屏功能、PC 功能与移动功能三部分。生产指挥平台系统如图 3-4-13 所示。

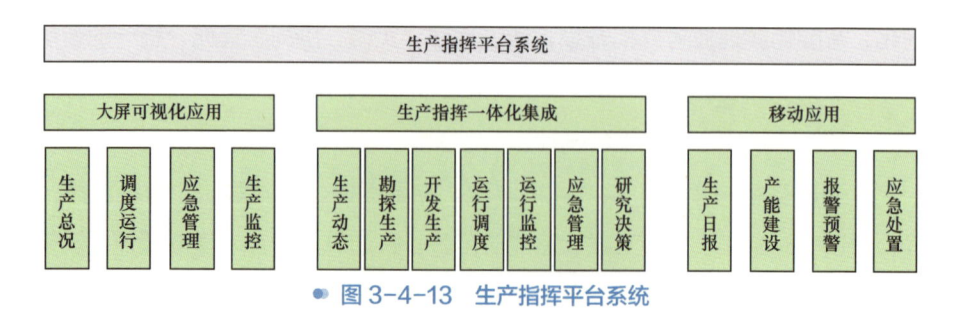

● 图 3-4-13　生产指挥平台系统

数智决策中心软件平台的大屏展示功能、系统集成功能、移动应用功能及交互控制功能之间密切相关，相互互补，支撑数智决策中心各业务功能的具体应用（图 3-4-14）。

（3）数智决策中心应用成效。

大港油田数智决策中心的建设，构建覆盖多种网络环境、大屏展示（图 3-4-15）、视频应用等功能的硬件设备环境，支持生产调度指挥相关的各类数据、信息、视频的展示及应用，达到纵向贯穿、横向覆盖，不仅支持油田公司级以上信息、视频的直接交互，更能支持油田公司、采油厂级别信息、视频的集中交互，为油田公司提供数据、信息集中的指标调度环境，同时完成了大屏端相关的生产动态、调度指挥、生产监控、应急管理、单井管理五大类应用18个展示界面的全面构建，实现了大港油田勘探、开发、生产、运营等信息的集中可视化呈现。

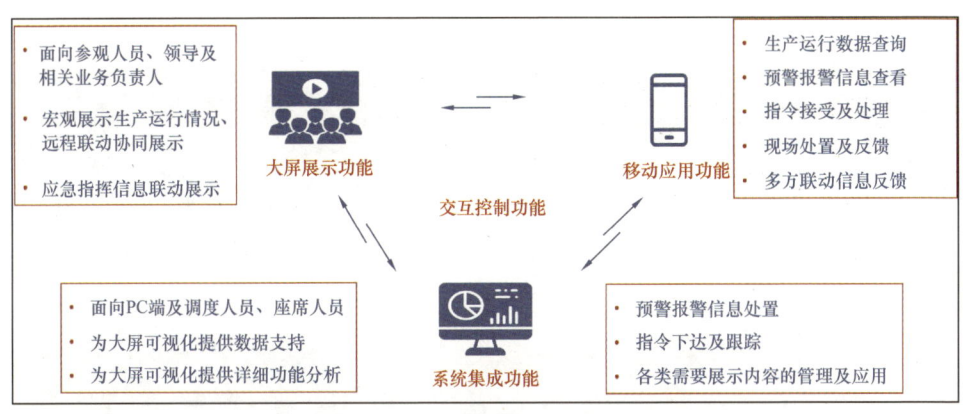

● 图 3-4-14　数智决策中心业务功能

● 图 3-4-15　数智决策中心大屏展示

面向PC端应用，按照油田公司业务链条，实现了相关的信息系统集成（图3-4-16），为数智决策中心用户、各具体的业务用户提供相应的系统功能，已经成为大港油田整体的软件集中PaaS平台，实现了所有系统的统一入口、统一管理，为各级用户提供了统一的数据、功能集中环境，多专业协同决策、指挥模式基本建成。

大港油田数智决策中心的建设，实现了大港油田业务流程集中、数据流程集中、系统平台集中、专家智慧集中、决策指挥集中，节约开展数据上报的大量人力。通过提升系统的集成程度，减少了系统的重复开发。通过提升现场生产管控能力，提前报警预警减少损失，提升了决策的科学性及响应速度，减少了因等待造成的损失，提高了协同工作力度，提升了油藏研究、开发生产、集输运行等业务运行效率。数智决策中心，促进了多专业的一体化管控、一体化协同、一体化决策，打造成为大港油田全方位的企业形象展示窗口、多维度深层次的学术交流平台、集成的油藏研究协同环境、实时的生产过程分析管控中心、高效的多学科专家在线支持中心、先进的应急调度生产调度中心。

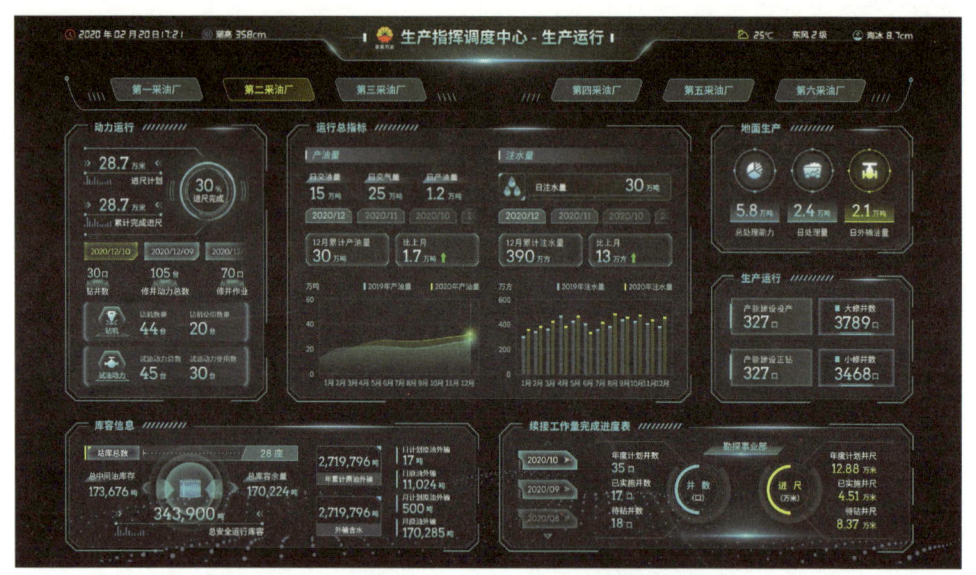

● 图 3-4-16　按照业务链条集成信息系统

第五节　协同环境应用

勘探开发一体化协同研究及应用平台（A6）是实现"共享中国石油"信息化战略目标的重点统建项目。作为 A6 系统的承建单位和试点单位，大港油田各级领导对此高度重视，按照中国石油要求，从先导试点、规模扩大、推广应用、持续深化四个阶段稳步推进梦想云协同环境构建及应用，大港油田成立了主管领导牵头的领导组、项目实施组和项目技术组三级组织架构，强力推进勘探开发梦想云协同环境应用。

一 功能简介

勘探开发梦想云协同研究环境主要有五大部分组成，分别是项目数据服务、项目管理服务、成果共享服务、专业软件服务和常用工具服务（图 3-5-1）。

● 图 3-5-1　梦想云协同研究环境

项目数据服务：根据地质研究、地震解释、构造研究、地层研究等勘探开发研究业务流程和主要研究工作，构建了相对应的数据集，从而为勘探开发协同研究项目提供所需井筒数据、地震数据、文档数据和成果图件等项目研究数据查询、调用等服务。

项目管理服务：勘探开发研究项目管理功能，支持研究项目基础信息管理、项目研究团队组建、项目任务分配和项目成果管理等功能。项目管理部门、承担单位领导、项目长，可以通过该功能实现对勘探开发研究项目全生命周期管理，并可以随时了解项目进展和相关统计信息。

成果共享服务：该功能提供了项目研究成果的文档共享管理，领受任务的项目团队成员，可以随时将研究成果，无论是阶段成果，还是最终成果，都可以文件的形式上传，项目长等管理者可随时查看项目任务完成情况和研究进展情况。

专业软件服务：为勘探开发研究项目提供单机软件、云化软件快速共享调用服务，通过该功能，项目团队成员可以根据分配的软件，快递启动本地软件或者云端共享软件，启动云端软件，本地可以不用安装软件，直接调用专业软件云中已部署的各类软件即可。

常用工具服务：为勘探开发研究提供井筒可视化、油藏工程计算、数字井史、在线成图等常用工具，辅助研究工作。

二 推广应用情况

2018年，梦想云在大港油田进入试点阶段，油田公司组织精干力量成立联合项目组，圆满完成了本次试点项目的各项目标任务，验证了A6系统与大港油田实际业务匹配程度，推动了大港油田业务人员熟悉掌握并测试A6系统，积累了宝贵经验，形成了推广应用标准流程模板（图3-5-2），为A6系统在中国石油全面应用奠定了坚实基础。

● 图3-5-2　A6系统大港油田推广实施流程

2019年3月，勘探开发梦想云在大港油田正式上线。大港油田领导高度重视，多次组织召开会议听取项目进展汇报和实际演示，亲自督促指导，采取集中办公、联合攻关方式，对信息人员、业务人员进行统一调度、多方联动，各部门之间随时保持直接对话、沟通，在试点和推广过程中，大港油田采取了切实有效的做法，保障了项目进展按计划进行。

（1）精细部署、做实推动，积极推动梦想云培训工作，形成了大港油田勘探开发梦想云推广标准流程，使勘探开发技术人员都能掌握应用梦想云，并建立梦想云应用交流机制，采用论坛、研讨等形式进行交流，建立项目综合考评机制，评选若干优秀项目，进行表彰奖励。

（2）构建平台、做精支撑，按照推广实施标准化模板，基于大港油田完善的勘探开发数据库和数据治理体系，实现了专业数据、生产数据及时准确入湖，并通过综合项目数据管理，为在线研究项目提供了快速、精准、及时的数据服务，为研究环境推广、项目研究奠定了基础。为了更好地支撑梦想云协同研究环境应用，按照推广实施标准化模板，利用专业软件云环境，增加了 Petrel、Eclipse 等专业软件和渗流场评价、注水开发效果评价等自研软件，总计集成超过了 30 款，有效支撑了页岩油、渗流场等勘探开发科研项目。按照总部整体部署和指导，大港油田研发油藏描述成果管理模块，并接入梦想云，实现所有上云项目在线项目的研究成果归档；基于梦想云平台，可以线上调用研究成果、协助项目验收；实现了项目全过程管理、成果质量控制与共享应用。

（3）全面覆盖、做强应用，覆盖预探评价、未动用储量开发、老油田开发等勘探开发领域，全面覆盖公司勘探开发所有科研课题，产能方案占比 91%。

两年来，大港油田持续推动梦想云建设，先后举办四期应用培训，在勘探、开发、工程等系统推广用户 489 个，涉及研究项目 113 个，取得了较好的应用效果。

案例一：协同研究，高效增储量。

助力歧口凹陷滨海断鼻增储建产一体化快速部署，该项目研究成果显著，部署探评井 27 口，完钻 14 口，有 7 口井获百吨高产，新增三级石油地质储量 1332 万吨，天然气 54.24 亿立方米，形成千万吨级增储战场，借助勘探开发梦想云高效完成了研究任务。

在歧口凹陷滨海断鼻有利目标评价与井位优选项目（图 3-5-3）中，借助勘探开发梦想云平台,对海量数据采取一键式精准提取,改变了以往数据查询和手工整理的工作模式,实现了对提取数据的高效、集中分析。通过平台实现多软件整合协同、多专业成果综合分析,深化地震解释与构造研究、沉积储层研究、油藏研究、含油气评价、井位部署论证,提高了研究效率,增强了井位决策的科学性。利用平台,实现了跨软件协同调用数据和图件,通过开启光标联动功能,实现多成果同步研究决策。充分发挥勘探开发梦想云平台化特性定制功能,植入探评井钻试工程优选模块,将构造、剖面、地震等数据,与地物、红线、规划等地面信息相结合,实现地面、地下数据可视化综合分析,提高井位部署效率。

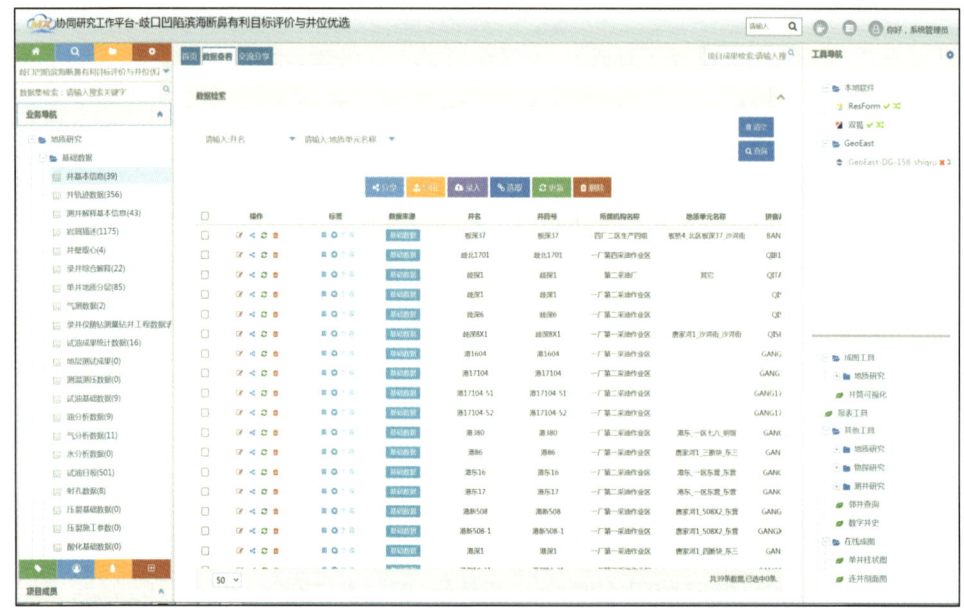

● 图 3-5-3　歧口凹陷滨海断鼻有利目标评价与井位优选项目研究环境

利用勘探开发梦想云平台,快速完成了歧口凹陷滨海断鼻增储建产,利用数据湖海量数据一键精准提取,项目研究数据准备效率提升了 45%,通过协同攻关,研究效率提升 30%,单井实施周期缩短 8%,同时工程建设投资降低 4%,提质增效成果显著。

案例二:储量动用,快速建产能。

助力官东 1701H 区块 C1 开发层系一体化快速建产,该项目动用地质储量

1260万吨，新钻井19口，单井井深5000米，总进尺9.5万米，计划动用地质储量910万吨，依托梦想云平台，快速完成建产能项目任务目标。2019年实施产能井12口，总进尺6万米，平均单井产量30吨/天，新建产能10.8万吨/年，实际完钻井12口，投产后日产油20～35吨。官东地区C1含油评价如图3-5-4所示。

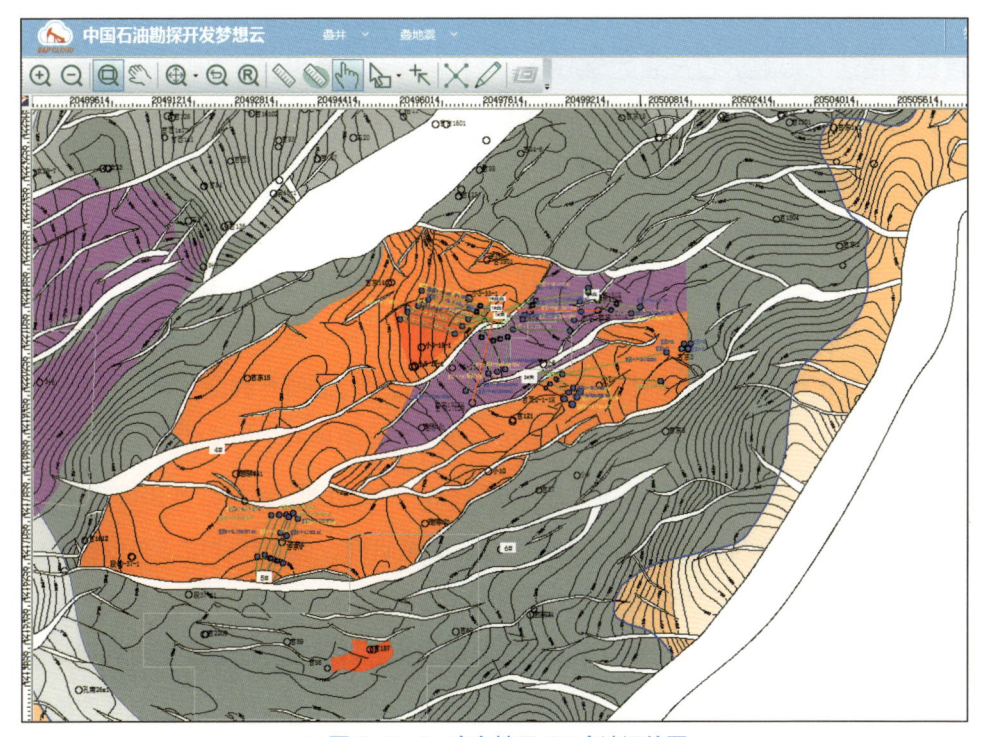

● 图3-5-4 官东地区C1含油评价图

在该项目研究过程中，依托A6系统协同研究环境，在专业软件云中，新增部署Petrel、Eclipse等地质建模、数值模拟软件，快速调用云化油藏软件，开展官东1701H区块油藏工程论证，当井距增加而裂缝半长不变时，井间将存在部分未改造区域（未动用区），开发效果逐渐变差，当裂缝半长为水平井井距的一半时，随着井距减小，单井控制程度与产量也随之降低，小井距布井同时要考虑压窜和经济化参数，经过优化油藏工程关键参数，确定合理开发井距为200米。

利用勘探开发梦想云平台，快速完成官东1701H区块C1开发层系建产能任务，通过在专业软件云部署油藏开发软件，缩短研究周期 18% 以上，利用线上协同论证、多专业协同优化，油层钻遇率提高到 100%，储量动用效果显著。

案例三：页岩油勘探开发、地质工程一体化。

助力陆相页岩油勘探开发一体化快速突破，该项目投产页岩油井 47 口，水平段长度 346～1706 米，压裂 35 口，待压裂 9 口，压裂水平段长度 404～1494 米，日产液 717 吨，日产油 333 吨，累计产液 33 万吨，累计产油 12 万吨。峰值日产液达 790 吨，日产油达 396 吨，依托勘探开发梦想云，实现地质工程一体化，为页岩油勘探开发取得了重大突破。

应用勘探开发梦想云平台，将大港油田自研的钻井方案地质工程一体化优化决策模块等工程软件纳入专业软件云管理，并结合数据湖丰富的地质工程数据，构建了页岩油勘探开发协同研究环境，实现了页岩油数据智能分析、多学科协同研究、井轨迹优化控制、随钻跟踪分析等地质工程一体化管理，提高了页岩油勘探开发研究效率。通过构建页岩油一体化项目数据库，实现页岩油所有数据入湖，对海量数据采取一键式精准提取，改变了以往数据查询和手工整理的工作模式，实现了对提取数据的高效、集中分析。通过平台实现多软件整合协同、多专业成果综合分析，深化地震解释与构造研究、沉积储层研究、油藏研究、含油气评价、井位部署论证，提高了研究效率，增强了井位决策的科学性。

在页岩油勘探开发过程中，大港油田充分发挥勘探开发梦想云平台化优势，构建了页岩油地质工程一体化的协同研究环境，页岩油勘探开发研究数据准备时间提升 45%，通过地质工程一体化，提高方案优选决策效率超过 25%，利用钻井工程方案地质工程一体化优化决策，实现了单井实施周期缩短 15%，极大提高了页岩油勘探开发管理、研究与决策效率。

依托梦想云平台，大港油田充分发挥在区域湖管理、项目研究环境搭建、协同研究以及数字油藏建设中的资源优势，按照梦想云总体规划，积极推动协同研究环境深化应用，结合大港油田勘探开发科研攻关，与总部 A6 系统组保持密切沟通，深挖平台功能，做到 3 个 100% 上云，分别是科技项目 100% 上云、技术专家 100% 上云、特色应用软件 100% 上云，有力支持大港油田勘探开发科研业务向纵深推进发展，推动了 A6 系统在大港油田勘探开发、工程工艺等系统全面推广步伐。官东页岩油生产曲线图如图 3-5-5 所示。

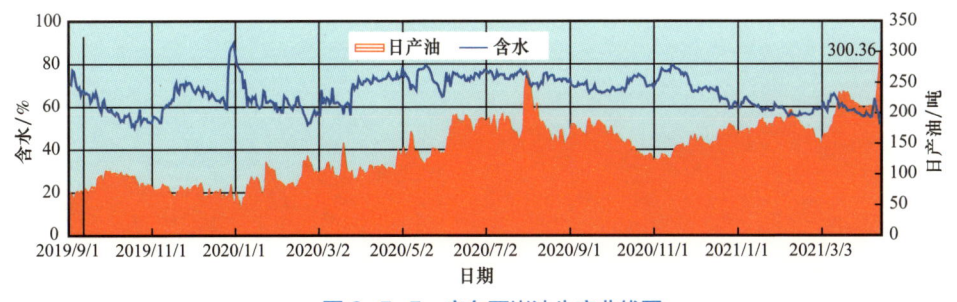

图 3-5-5　官东页岩油生产曲线图

第四章
智能油气田展望

展望未来，随着"ABCDE"（人工智能、区块链、云计算、大数据、边缘计算）等新一代信息技术的广泛应用，智能油田建设将为油气田企业数字化转型智能化发展带来新的活力。本章围绕"六化"特征，重点描绘了未来大港油田在智能化发展方面的建设目标及应用愿景。

第一节　总体目标

大港智能油田将在信息标准化体系和技术支持体系支撑下，紧密结合分析业务场景关注要素，重点开展全面感知、集成协同、预警预测和分析优化四项核心能力建设。以全要素、全业务链、全价值链为一体化数据分析驱动智能运营，助力油田绿色生产、卓越运营、高质量发展，逐步实现一体化协同管控及智能应用，并通过业财融合构建智能型油藏经营管理及智慧化决策模式，最终全面实现以"六化"为特征的数字化转型智能化发展的总体目标（图4-1-1）。

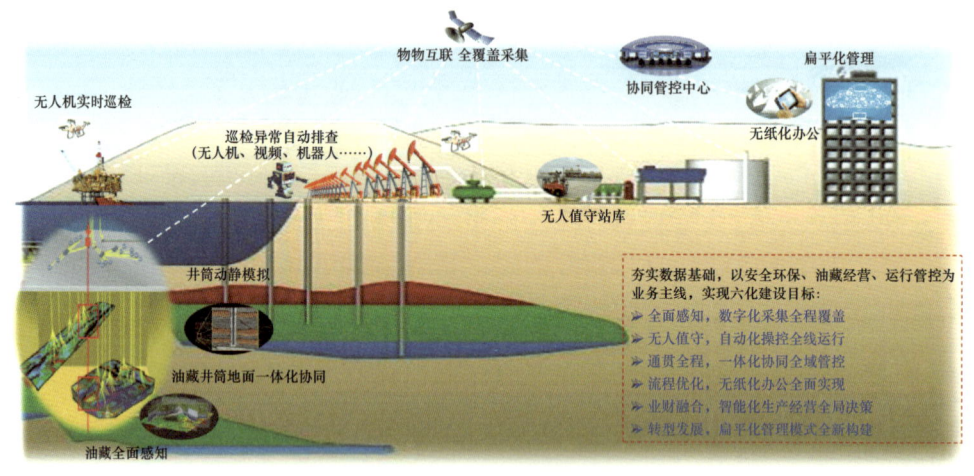

图4-1-1　大港智能油田愿景

一　全面感知，数字化采集全程覆盖

应用物联网、5G、大数据、自动化、智能机器人、AI、VI等技术的广泛应用，自动收集、感知和使用来自油田业务中每个节点、人、传感器的各种信息，构建油田全面感知体系，实现油藏、采油、采气、注水、集输、巡护各大系统全领域参数的实时感知并构建感知模型，实时把握生产细微变化，为油气生产远程实时把脉，实现数字化全面覆盖。

二、无人值守，自动化操控全线运行

通过运用智能仪表、高速通信、智能控制、设备预测性维护等技术，构建基于模型的自动巡检、故障预知、智能排查，实现精准问诊治疗，指令替代命令，智能设备帮助人工完成检测维护作业，实现钻、采、注、输、修、电等主要生产现场的智能化操作"无人值守、实时监控、远程控制、协同联动"。

三、通贯全程，一体化协同全域管控

（1）深化大数据、数字孪生及 AI 系统技术应用。全景展现油气藏内部构型，实时模拟油藏流体流动规律，全面实时感知油藏动态，构建油藏井筒地面一体化数字孪生体，实现油藏实时动态分析、科学管理决策。缩短油气藏发现周期，延缓递减，提高采收率，提升开发效率和效益。

（2）以提高生产运行效率和运行质量为目标，贯通生产全过程，构建一体化协同运行模式。油田公司、采油厂、作业区（或新型采油管理区）多级联动，形成"生产＋应急"的智能化生产运行一体化协同环境，建立一体化生产指挥管理应用，实现跨层级、跨专业、跨地域的协同化高效运营。

四、流程优化，无纸化办公全面实现

依托两化融合，优化业务流程及数据流程，通过办公自动化、物联网、计算技术的广泛应用，构建"办公高速公路"，针对党群、计划、财务、劳资人事、企管法规、科技、设备等所有业务领域，建立公文、通知、流程、消息、签章、上传下达等日常办公事务实时进行汇聚流转，全线实现无纸化办公，有效提高运行效率，使办公更加规范、协同、透明、高效、便捷、简单。

五、业财融合，智能化生产经营全局决策

未来价值引领和效益导向将成为智能油田建设的核心任务，围绕"决策支撑、资源统筹、价值创造、绩效提升、服务保障、风险管控"六项任务，建立"大财务、大经营、大融合、大数据"的工作模式，推动经营管理工作的智能化升级。通过应用大数据、AI、物联网等技术，深度挖掘数据价值，夯实"油藏＋经营"的衔接，将价值管理的要求嵌入至业务流程，实现"业务需求→工程造价→资金匹配→业务运行→完工确认→结算发起"的经营管理流程优化，实现目标、方法和执行的高效协同，确保决策支撑及时，资源配置合理；激励引导准确提升经营管理的自动化、智能化、一体化水平，构建智慧敏捷的油藏经营管理模式。

六、转型发展，扁平化管理模式全新构建

综上所述，将构建以前端物联网和生产指挥为核心的精准指挥体系，以综合研究流程化、油藏可视化为核心的科学决策系统体系，以支撑业务流程再造和油公司体制机制建设为核心的精细管控优化体系。以此为基础，创新组织运行方式、理顺业务工作流程、优化资源要素配置，将构建形成"互联网＋"勘探开发运行新模式、多级联动生产指挥新模式、设计研发一体化运行新模式，配套建立与新技术趋势、新发展形势相适应、科学高效的扁平化管理模式，助力油田改革创新、提质增效升级。

第二节　智能油田愿景

围绕"六化"目标，按照蓝图规划，针对协同研究、方案部署、产能建设、油气藏动态、采油气工程、地面生产、安全环保、经营管理八大业务持续开展智能化建设，构建未来智能化应用场景，全面实现智能油田建设愿景。

一　智能化勘探开发一体化协同研究与决策

搭建统一的勘探开发协同研究环境，打通地震、地质、油藏、工程等多学科数据通道，围绕全生命周期油气藏，实现"地球物理—地质研究—油藏开发—油气生产—工程设计"全业务科学研究的数据集成、知识融合、任务协同，实现地下地上一体化、现场基地前后方一体化、地质工程一体化协同优化，全面实现地震、地质、油藏、工程等勘探开发多学科一体化智能协同。

1. 勘探开发全业务链协同研究环境全面建立

大港油田统一的勘探开发协同研究环境全面建立，勘探开发研究所需的硬件资源、软件资源、数据资源等各类资源实现集成共享，专业软件云化服务、项目数据标准服务、研究成果共享服务，并实现全链支撑，全面支持地震、地质、油藏、工程等勘探开发全业务链协同研究工作（图4-2-1）。

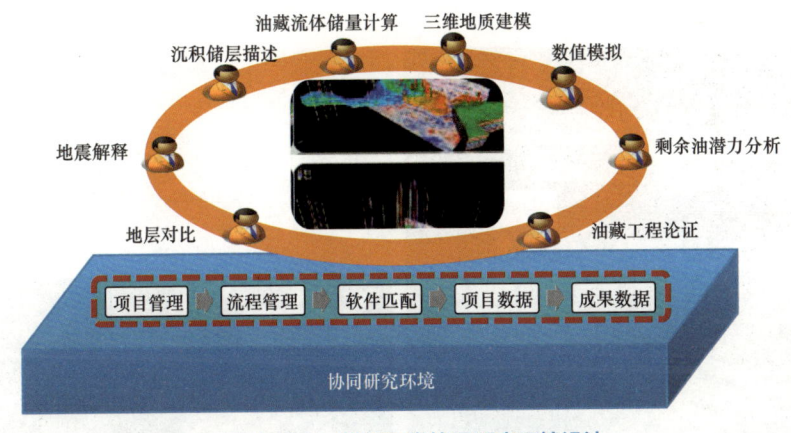

● 图4-2-1　勘探开发协同研究环境设计

2. 勘探开发多学科一体化协同研究全面实现

依托统一的勘探开发协同研究环境，打通油气藏项目、数据、软件、任务、专家、信息等协同共享通道，打造地上地下一体化、地质工程一体化、前后方一体化等勘探开发多学科、一体化协同研究模式，地震、地质、油藏、工程等多学科高效协同全面实现（图4-2-2）。

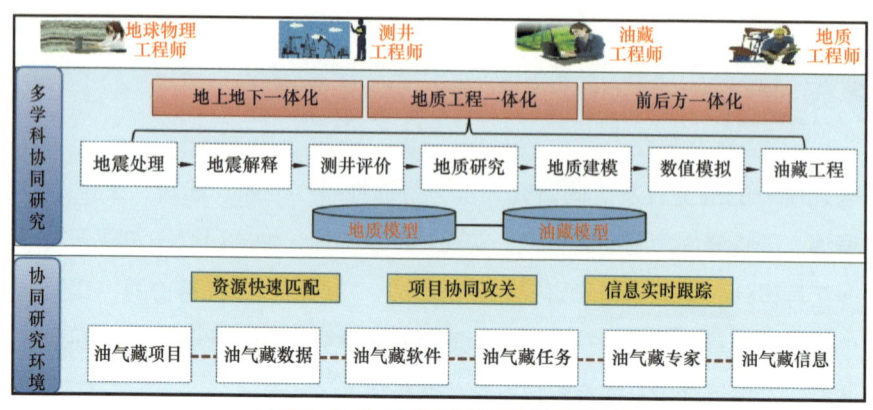

图 4-2-2　多学科协同研究愿景设计

3. 油气藏动静态一体化实时协同模式全面形成

利用数字孪生、认知计算等人工智能和模型自动更新技术，自动提取各类生产动态数据，构建油气藏透明模型，支持油气藏模型的一键更新、按需更新、动态更新和实时模拟，为油气藏动态跟踪、实时预警、生产优化提供实时支持，全面形成油气藏动静态一体化实时协同的油气藏研究管理模式（图4-2-3）。

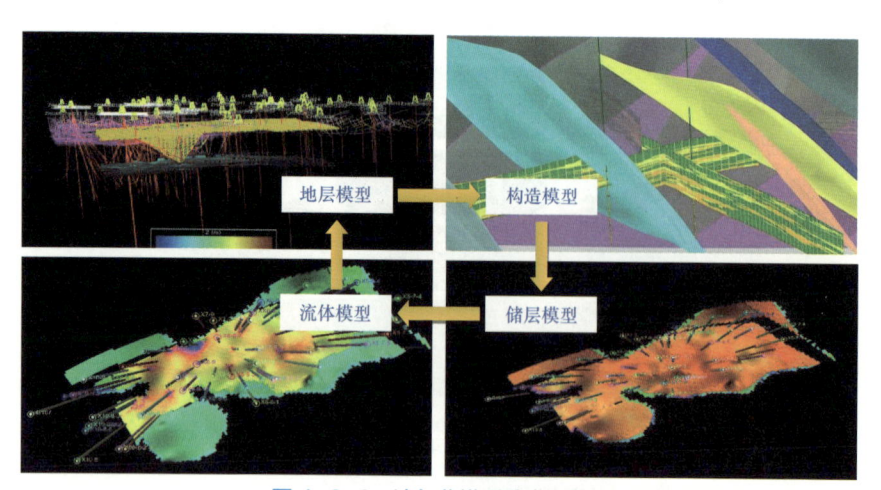

图 4-2-3　油气藏模型动态更新流程

4. 油气藏研究与决策智能协同应用全面铺开

基于已有建设成果，引入大数据、人工智能、机器学习等信息技术，通过探索基于数据和知识图谱的油气藏智能研究，拓宽研究认识高度和宽度，智能构造分析、智能油气层识别、多因素"甜点"分析、智能注采关系分析、智能井位优选、智能措施优选等智能协同应用全面铺开，为勘探开发、增储建产提供智能研究支撑（图4-2-4）。

● 图4-2-4　智能研究愿景设计

5. 钻压试修等作业前后方远程协同全面应用

借助油气生产物联网、人工智能等技术，完成井场作业数据实时入湖，借助数智决策中心和勘探开发协同研究环境，支持页岩油等重点井场钻井、压裂、试油、修井等作业实时监控、跟踪分析、决策指挥和效果评价，前后方一体化远程协同全面应用（图4-2-5）。

● 图4-2-5　前后方远程协同愿景设计

二、智能化勘探开发规划方案部署、优化与潜力掌控

利用数字孪生、认知计算等人工智能技术，开展油藏数字化精细表征，实时跟踪油藏动态，构建地上地下一体化的透明油藏模型，对油气藏中长期发展规划、年度任务制定、储量资源、开发方案编制进行智能化管理，建立智能化的规划部署及方案编制辅助应用，实时更新研究成果，实现规划部署动态并及时调整，辅助开发方案自动编制、审核审批及在线发布，为油田持续稳定发展奠定基础（图4-2-6）。

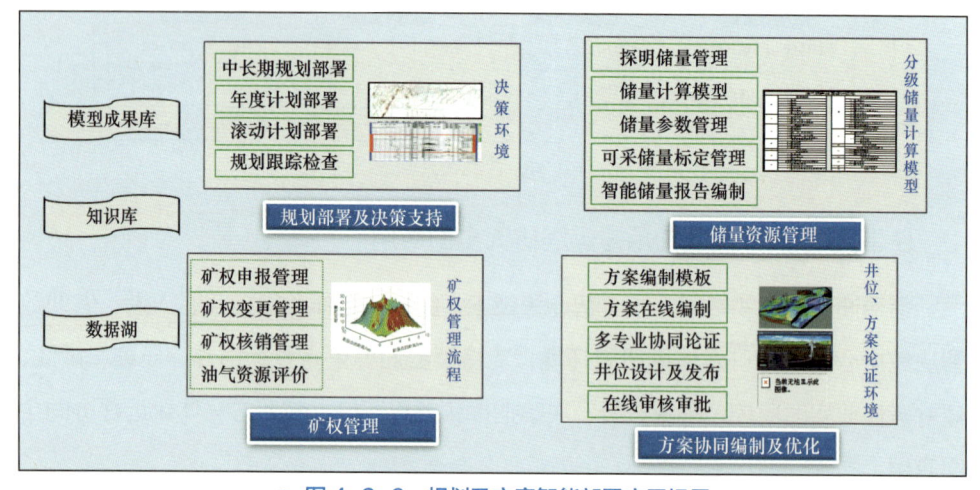

● 图4-2-6 规划及方案智能部署应用场景

通过智能油田的建设实现规划部署及决策智能支持、方案辅助智能编制、油气储量实时管理，形成多专业基于同一场景下的协同工作、智能优化新模式。

1. 规划部署及方案全过程智能决策

形成以产量为目标，经济效益、工作量等指标为约束条件，深度认识油田开发现状，自动分析油田开发潜力，智能预测油田开发趋势及规划油田长远发展目标，自动推荐实现目标的方案和措施，供决策者选择，实现规划部署及方案决策的智能化，为油田开发规划工作提供了支持（图4-2-7）。

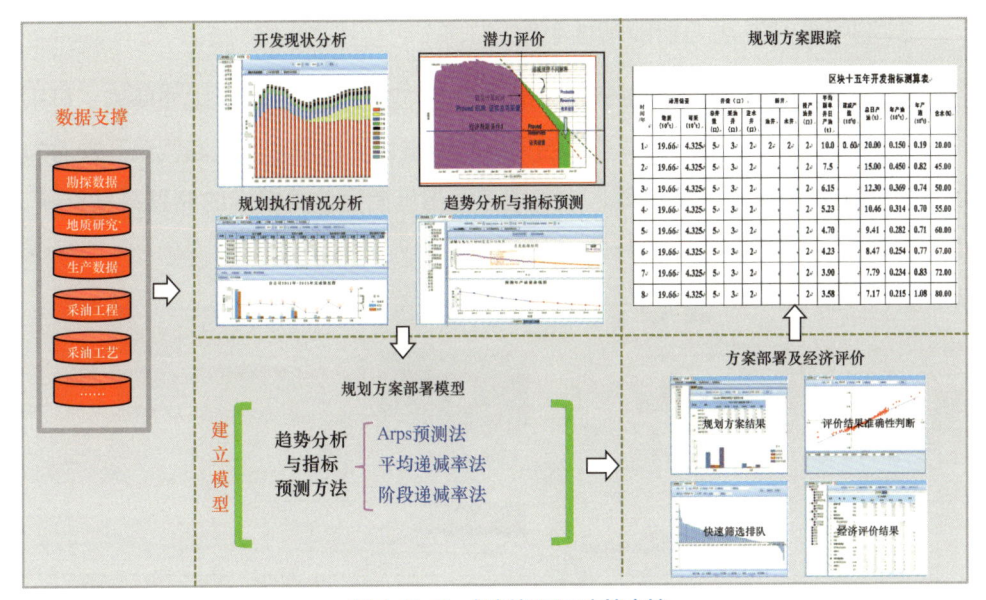

图 4-2-7 规划部署及决策支持

2. 方案智能在线编制

形成方案编制一体化协同环境，按照油气资源行业方案编制的标准规范，构建人机交互油气藏可视场景，实现方案的智能在线编制，油藏、钻采、地面、经济、安环等多专业交互优化及审批发布信息化支撑环境，实现多部门、多专业工作协同，为辅助油田开发决策提供支撑（图 4-2-8）。

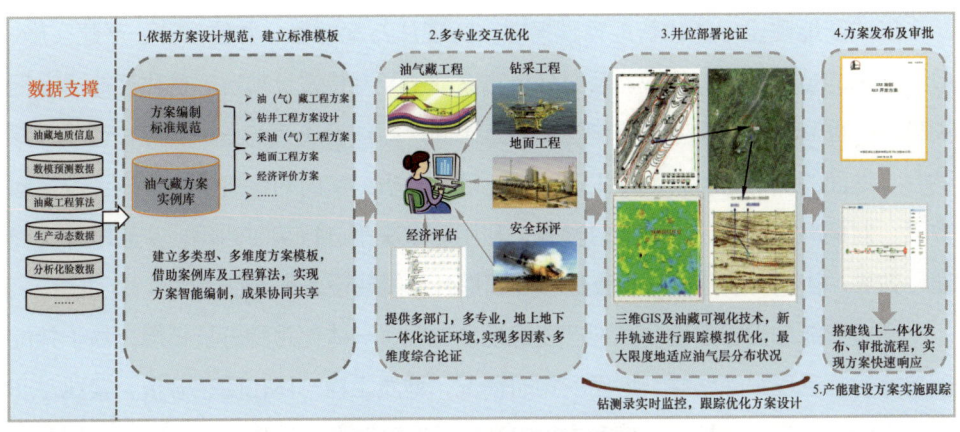

图 4-2-8 方案辅助在线设计

3. 油气藏开发潜力智能精准掌控

基于储量分类标准和储量算法智能化模型，实现储量分类及地质储量、可采资源量等智能计算，基于储量计算结果进行储量智能标定，实现油气藏开发潜力的智能精准掌控，为开采方案、油气藏挖潜措施制定计算精准的储量数据支撑。油气储量资源精细管理如图 4-2-9 所示。

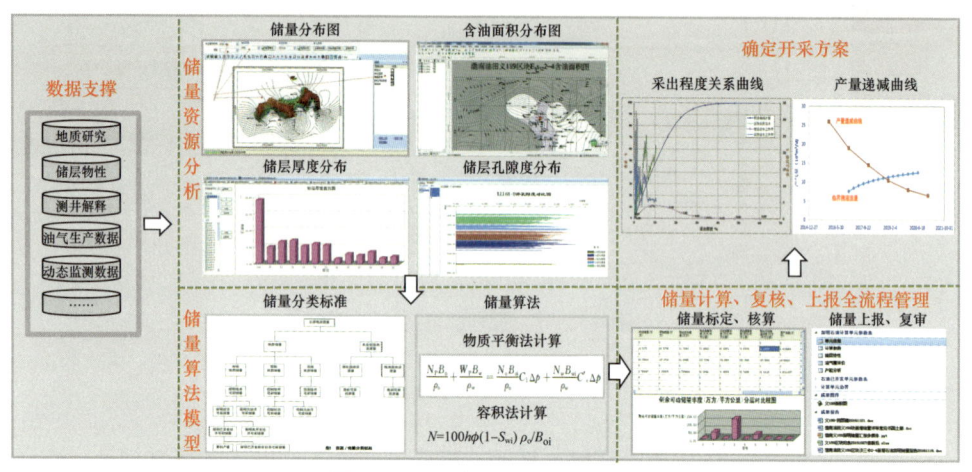

● 图 4-2-9　油气储量资源精细管理

三　智能化产能建设全过程管理、跟踪与评价分析

形成产能建设一体化智能管理模式，实现从方案部署、井位设计、产建实施、效果跟踪的全过程实施管理。及时分析方案部署及井位设计情况，优化产能建设相关环节，提高产能建设效率，构建前后方协同产能建设决策的指挥功能；远程跟踪钻井、地面的实时动态，地质工程一体化随钻分析，实时对比分析方案设计及实施效果，对偏离方案设计指标实时预警，利用专家决策进行实时纠偏；实时跟踪产能建设效果，协助开展优化分析支撑，全面提升产能建设效率效益（图 4-2-10）。

通过智能油田的建设，实现产能建设全过程、一体化跟踪分析环境，基于井位部署情况，远程跟踪钻井、地面的实时情况，地质工程一体化随钻分析，实现对产能方案全过程实时监控；对偏离方案设计指标实时预警，利用专家决策进行实时纠偏，对方案后期实施效果进行跟踪评价。

第四章 智能油气田展望

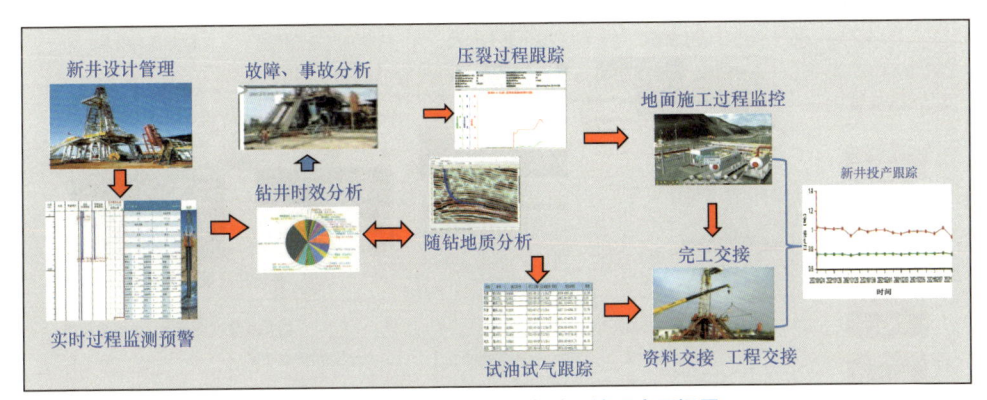

● 图 4-2-10　产能建设全过程管理应用场景

1. 单井各类设计智能编制

在方案部署和井位论证的基础上，基于地质研究、工程及工艺研究、地面工程研究成果，按照不同类型井位设计技术规范，建立井位设计模板，依托信息技术支撑，实现新井设计在线智能编制和审核审批，如图 4-2-11 所示。

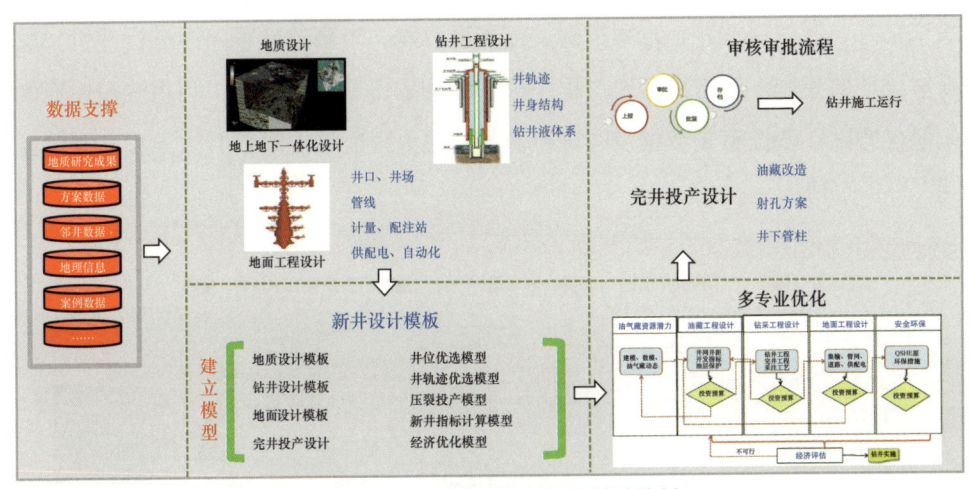

● 图 4-2-11　单井设计智能辅助编制

2. 产能建设方案全过程实时智能监控

基于井位部署情况，远程跟踪钻井、地面的实时情况，地质工程一体化随钻分析，实时对比分析方案设计及实施效果，实现对产能方案全过程实时监控（图 4-2-12）。

● 图 4-2-12　产能方案全过程实时监控

3. 产能建设效果智能跟踪评价

智能跟踪新井实施过程，根据钻、测录及生产动态等实时监控情况，通过方案未钻井、低效益油井、方案指标、方案符合率、方案效益等内容进行评价；反复修正地质模型，对方案实施过程中存在的问题迅速做出调整，利用油藏模拟优化最佳方案，依据有关数据及时进行决策，最大限度地提高新井效果和方案效益（图 4-2-13）。

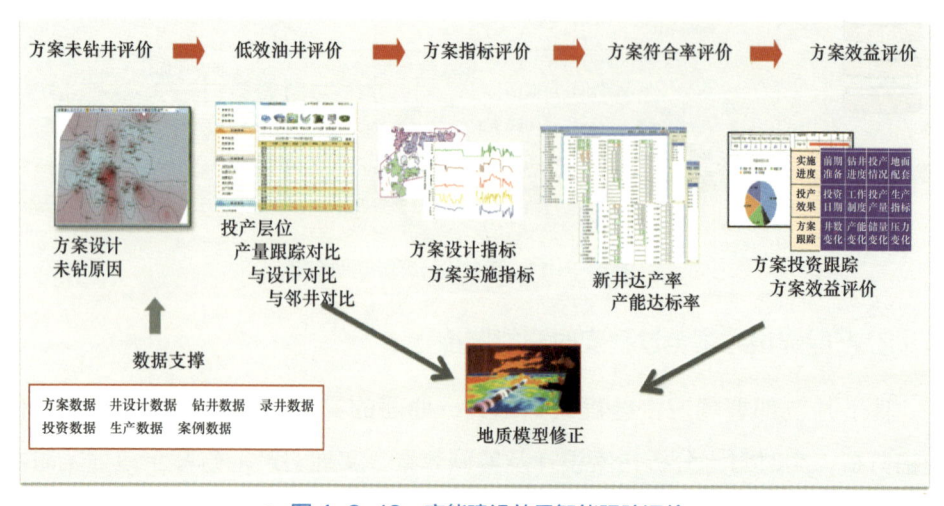

● 图 4-2-13　产能建设效果智能跟踪评价

四　智能化油气藏配产配注与动态跟踪优化

依托油气藏模型成果、油气藏工程方法、油田开发经验及可视化分析、计算、成图等工具，实时跟踪油气藏开发状态，辅助油气藏配产配注、指标监控、开发分析、潜力分析、综合评价等油气藏管理业务智能化开展；结合油藏实时变化情况，推进可视化场景下油气藏开发动态的主动分析及异常诊断，智能推荐油气藏开发调整及措施建议，全面提高油气藏动态分析精准度，提升油气藏开发效果（图4-2-14）。

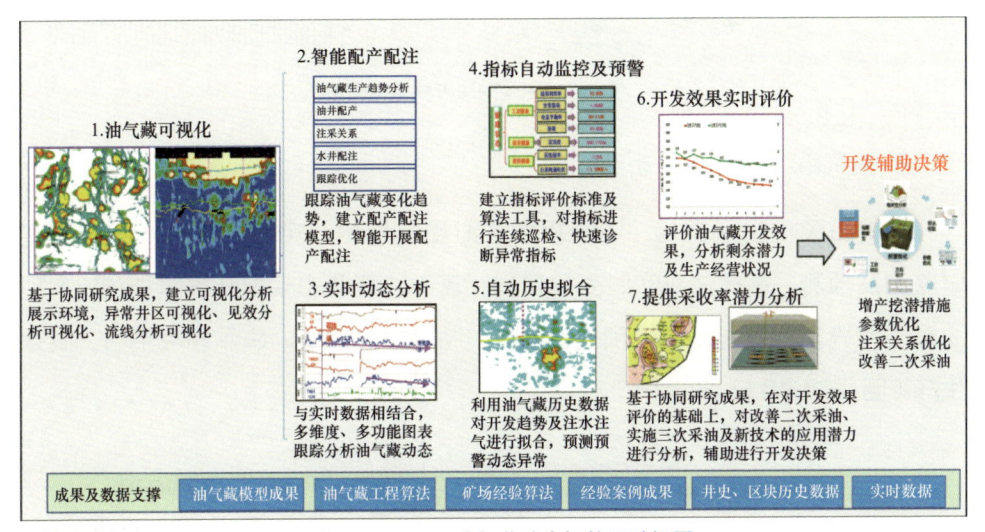

● 图4-2-14　油气藏动态智能跟踪场景

通过大港智能油田建设，依托油气藏模型成果、油气藏工程方法、矿场经验等可视化分析、计算、成图等工具，针对油气藏配产配注、指标监控、开发分析、潜力分析、综合评价等油气藏管理业务，实现可视化场景下油气藏动态的主动分析、异常诊断、信息共享、协同联动的快速诊断决策。

1. 油气藏智能化配产配注定量分析新模式

基于油气藏生产计划、单井生产能力、管输能力和调配产目标，集成配产配注案例和专家经验，构建多因素智能配产配注模型，优化配产配注方案，实现方案的即时编制、实施和运行跟踪（图4-2-15）。

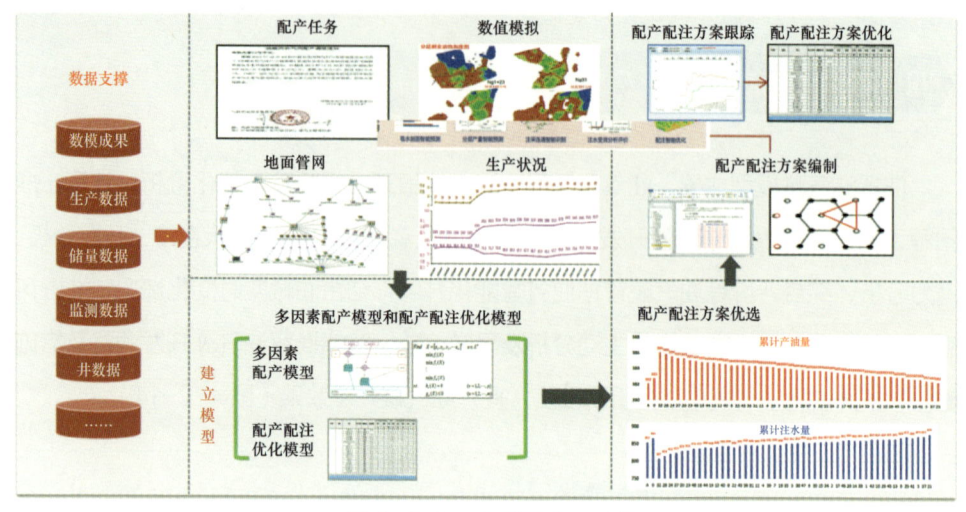

● 图 4-2-15　智能配产配注建设

2. 油气藏实时动态分析

应用油藏模型可视化、油藏模型实时更新技术，实现油藏开发状况的实时监测及预测，掌握油藏实时变化情况。基于油藏动态模型及跟踪预测，实现油藏生产异常的智能跟踪、预警、诊断，制定相应对策，确保油藏平稳、高效生产（图4-2-16）。

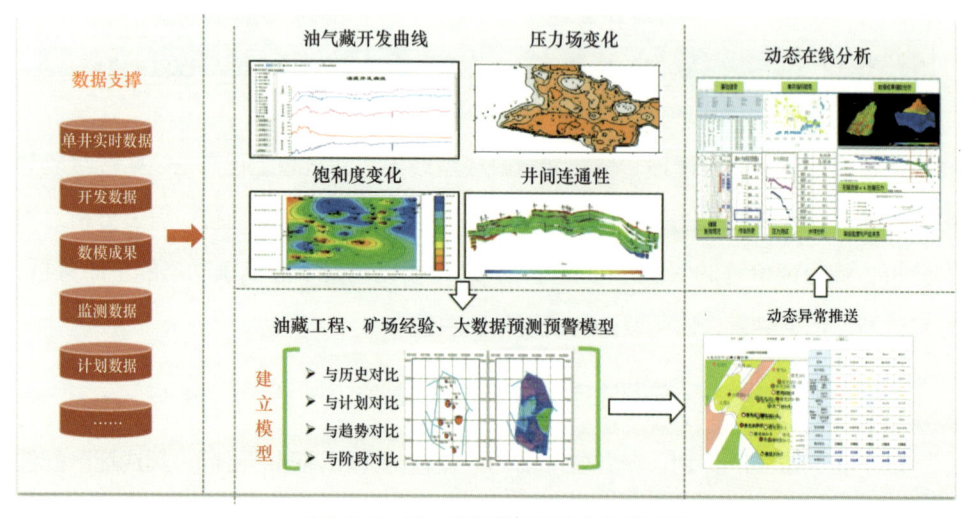

● 图 4-2-16　油气藏实时动态分析建设

3. 措施挖潜智能新技术全面应用

通过驱油机理实验、灰色关联分析等建立油藏潜力评价模型，针对油田开发特点，深入分析油田开发现状；调整注采井网、强化注水、卡封等措施，全面推动三次采油智能化建设，辅助制定提高采收率技术方案，充分挖掘油田开发潜力，为油田提高采收率提供科学依据（图 4-2-17）。

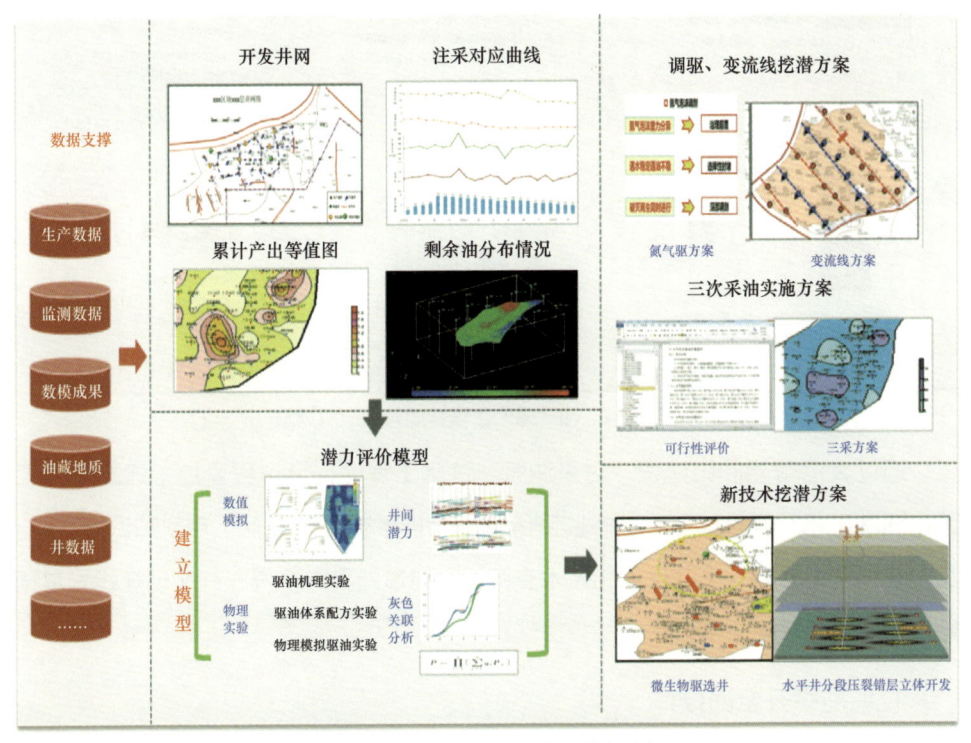

● 图 4-2-17 提高采收率潜力分析

五 智能化采油气工程管控与实时优化

应用物联网、大数据、人工智能等技术，围绕举升、注水、措施、作业、测试等，构建举升工艺、注入工艺、采气工程、异常诊断、作业跟踪等辅助分析诊断模型；实现井筒状态自动感知、井筒工况自动诊断和优化、生产参数自动优化决策、生产状态自动操控。构建以智能井筒为载体的油藏、井筒、地面及管理业务的协同联动新模式，支撑采油气生产过程异常实时预警，智能优化采油气生产工艺，提高采油气工程效率。采油工程智能管理应用场景如图 4-2-18 所示。

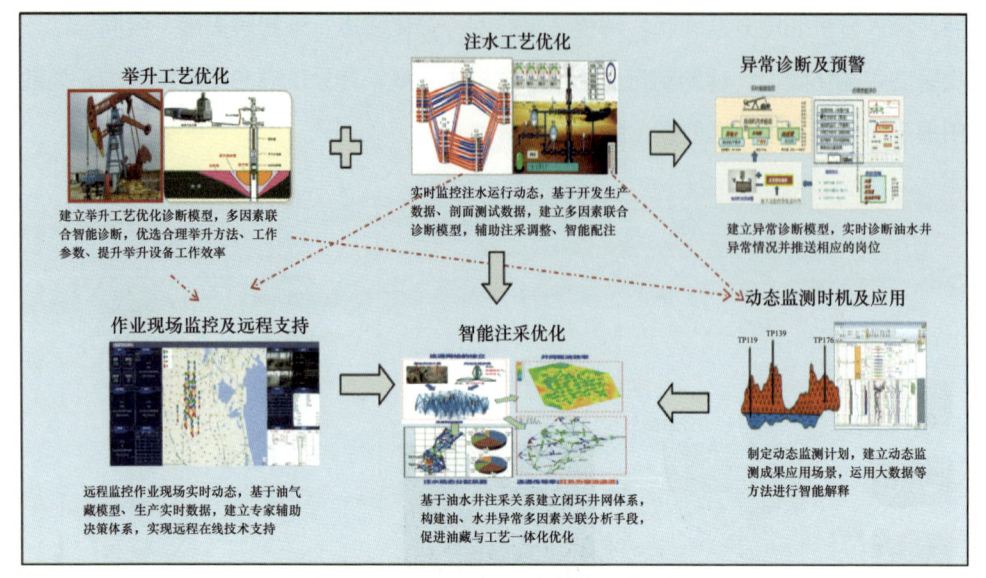

● 图 4-2-18 采油工程智能管理应用场景

通过大港智能油田建设，对采油气、注水工程进行全过程管控，建立举升工艺、注水工艺、异常诊断、动态监测等辅助分析诊断模型。基于专家知识库系统，实现在线异常诊断、工艺优化和技术支持，实时诊断异常情况，并实现在线异常预警及智能优化注采关系。

1. 智能举升全面推广

实现抽油机、电泵井等举升系统数据采集的全面覆盖及进行集中、统一数据管理，结合生产参数特征曲线、工况诊断及决策调整方法，利用机器学习、大数据技术，构建基于自主训练模型、工况诊断模型及远程感知调控方法（图 4-2-19）。实现举升设备的工况智能诊断、故障自动预警及处置和油井远程智能调控，提高举升智能化水平，实现油井生产"两提两降"。

2. 智能注入新突破

开展一体化注水数据全链管理，实现管柱入井周期，检管周期自动计算及报表

举升系统数据采集完善	智能举升分析模块	油井远程智能管控模块
◆ 抽油机、电泵井井下参数采集 ◆ 信息数据湖分类建立 ◆ 机器学习数学模型建立 ◆ 生产参数特性曲线植入与自我训练学习	◆ 大数据样本库建立 ◆ 基于电参数生产工况诊断模型 ◆ 决策调整方法建立	◆ 油井端AI边缘计算智能控制技术 ◆ 远程多屏互动管控技术 ◆ 井筒可视化AR辅助技术

● 图4-2-19 采油气工程智能优化子场景及模块

小贴士

两提两降：提时率、提产量、降能耗、降用工。

的自动生成；开展智能注入分析预警技术攻关，结合注采关系、吸水剖面、运行状况，对井筒运行状况进行自主诊断分析预警，对地层吸水剖面进行计算分析，实现注水井情况的实时跟踪分析、预警及远程智能调控。

建立非感知数据的大数据分析模型，分析自主感知参数变化规律，间接获取水嘴压损、封隔器密封状况、油管漏失等非直接感知数据，及时自主诊断注水管柱及配套工具的运行状况。

建立注入参数变化与吸水剖面关系曲线，实时获取吸水剖面，自主优化改善注水剖面的治理措施，降低劳动强度、提高工作效率。

研究注采一体化管柱，实现注采同步、一井双用的目的，减少注采井网建设投入，智能注入研究如图4-2-20所示。

3. 智能井下作业新升级

形成井下作业智能管理新方法，提升作业效率和本质安全管控能力。实现井下作业方案设计的辅助编制、作业过程的跟踪、效果效益的评价、总结自动生成，优化作业过程、提高效率；实时采集壁厚、丝扣等数据，通过扫描电子标签，提取管杆历史使用信息，综合分析判别管杆性能指标，为后期作业管杆的使用提供理论依据（图4-2-21）。

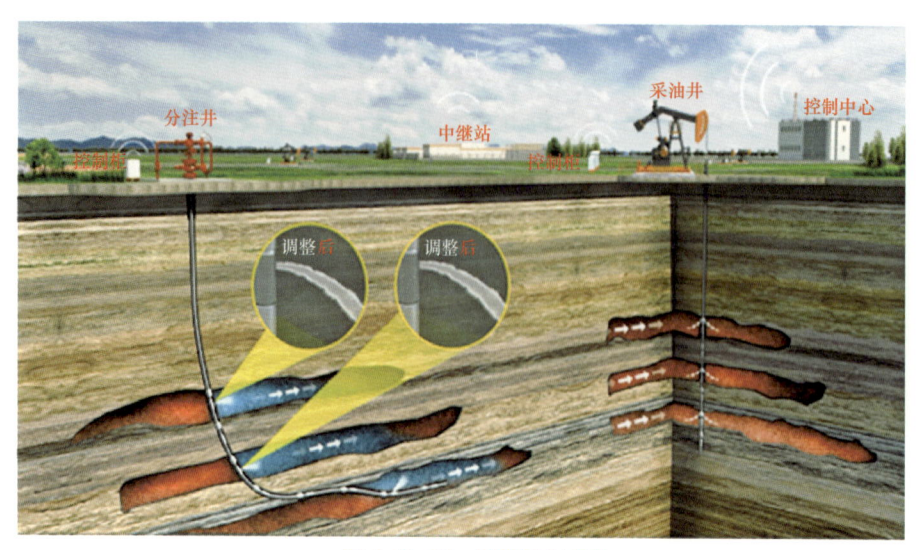

● 图 4-2-20　智能注入研究

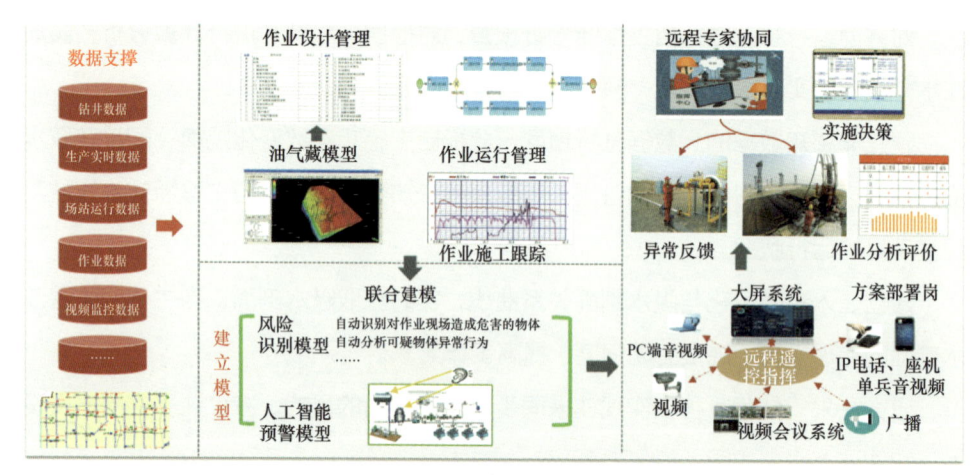

● 图 4-2-21　井下作业全过程管理

4. 基于井筒的一体化智能管控全覆盖

基于经济评价的一体化优化分析，实现不同条件下区域最优生产策略推荐，通过油井、井筒、地面、油藏三维建模，实现油井、井筒、地面、油藏的三维展示。以井筒为主线的注采信息可视化，基于智能井筒的综合研究认识，展示注采井间连通对应关系及其注采参数设计结果，实现油水井智能化高效生产，提高效率、降低成本（图4-2-22）。

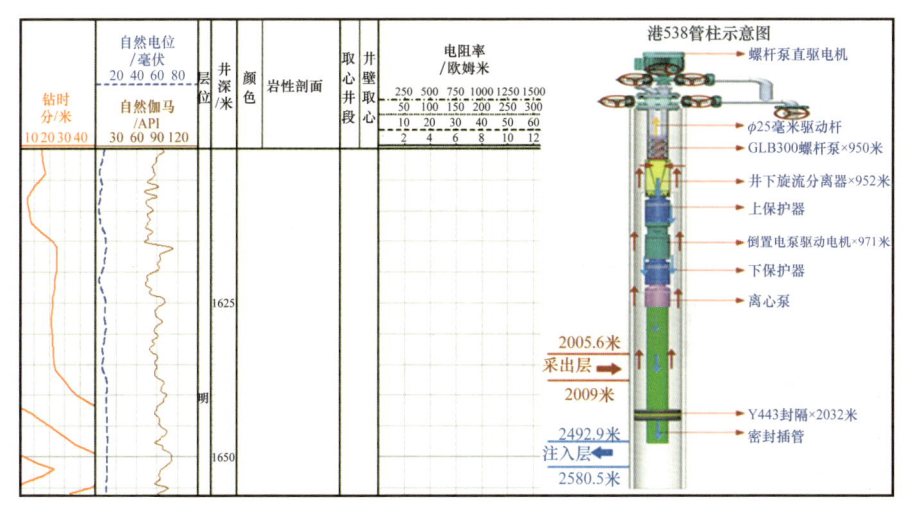

● 图 4-2-22　一体化智能应用及优化

六　智能化油气集输地面生产动态调控

采用先进的物联网、大数据、人工智能技术，持续开展井、管道、站库数字化、智能化建设，按照"井站管道一体、远程监控、自动分析、智能操控"模式打造智能井场、智能管道、智能站库业务场景；全面实现油水井生产智能化操控，全面实现管道智能化管控，站库智能化预测及地面集输系统智能化调控。

1. 全面实现油水井生产智能化操控

利用大数据分析技术，基于异常预警和故障诊断、动态分析与预测结果，实现智能生产监控和预警联动、智能工况诊断及故障预测。基于大数据、知识库的措施推送，实现油井液量智能计算、工况智能诊断、智能间抽、注水井智能调控、含水智能分析、单井能耗分析等，提升油水井智能化应用水平。油水井智能操控如图 4-2-23 所示。

2. 全面实现管道智能化管控

开展管道完整性管理工作，通过可视化展示和大数据建模分析实现对管道运行状态的自动检测和风险预测预警，实现管道数字化与实时模拟仿真、智能巡检与腐蚀防护管理、管网智能化管理与预测性维护、实时生产优化与效能提升。通过无人机、机器人等智能巡检方式，提升管道智能化管控能力（图4-2-24）。

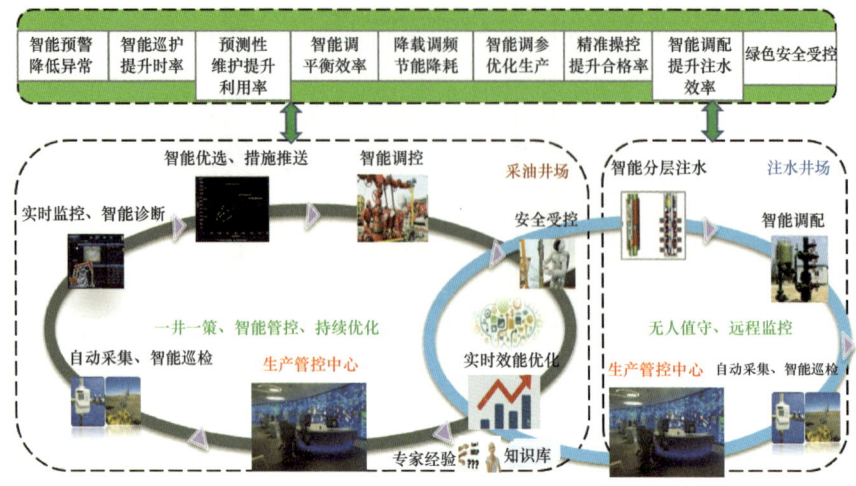

● 图4-2-23 油水井智能操控

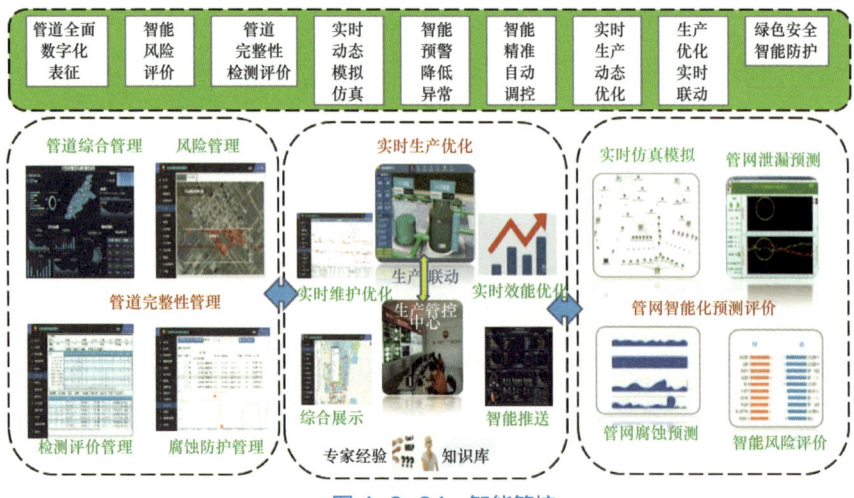

● 图4-2-24 智能管控

3. 全面实现站库智能化预测

以站库为对象，持续推进站库安全预警系统建设，实现站库应急能力预警、工况智能诊断、措施智能推荐、站库生产运行安全环保预警可视化等应用，推动油气生产平稳运行，提升现场安全受控及生产趋势智能化预测水平（图4-2-25）。

图 4-2-25　站库生产趋势智能预测

4. 全面实现地面集输系统智能化调控

围绕地面从单井生产、集输、处理及注入量整个生产环节，利用大数据分析技术，建立预测模型，实现对生产趋势、设备完整性、生产运行状态的智能化调控，管理模式由事后处理向事前处置转变。生产系统智能化调控如图 4-2-26 所示。

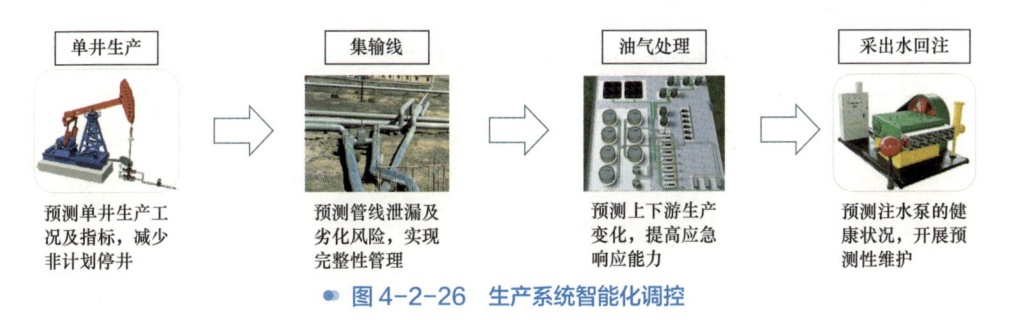

图 4-2-26　生产系统智能化调控

七　智能化安全环保全过程管理与风险管控

利用物联网、移动应用、地理信息、视频智能分析等技术，实现对钻井、修井、压裂、试油等施工作业的远程实时监控、跟踪与展示；构建基于安全环保智能分析及模拟的大数据模型算法,对作业现场、环保隐患等进行高效快速分析隐患、识别风险;利用大数据分析技术开展事故总量、各类型事故对比、预警统计、风险分布等智能分析,减少安全事故及环保事件的发生。

1. 生产现场安全智能预警全面实现

结合 GIS 地图和三维模型,集成和继承现有的地面生产相关信息系统,基于大数据分析、图像识别、卷积神经网络等技术;围绕单井生产、集输、处理及注入整个生产环节,建立单井、管道、站库的地面生产安全预警模型;实现各类生产参数的预警、分析、预测及评价及整个地面生产全过程的智能监控和安全预警、设备预测性维护和安全生产态势感知,保障生产平稳运行(图 4-2-27)。

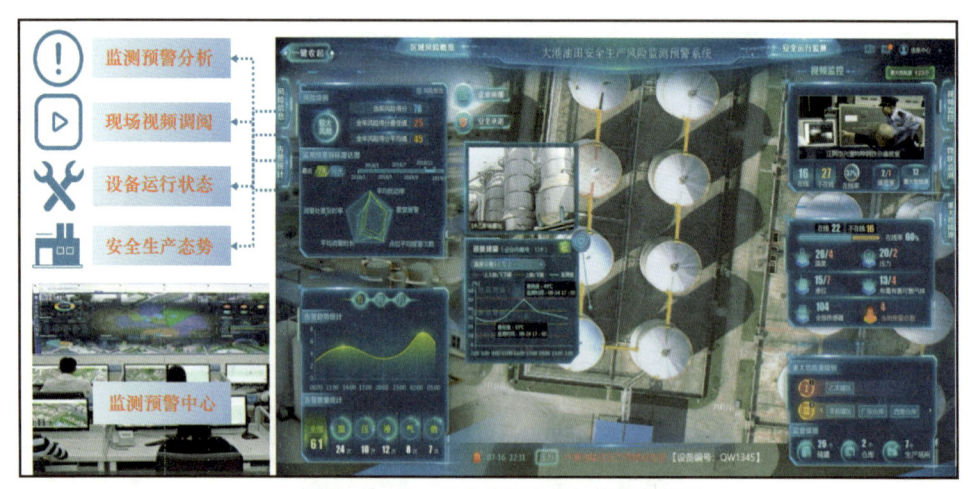

● 图 4-2-27　生产现场安全智能预警场景

2. 安全风险趋势智能精准预测

综合运用预先危险性分析(PHA)、风险评估矩阵法(RAM)和作业条件危险分析法(LEC)开展安全风险评价分级,利用大数据、人工智能等技术,构建风险监测指标体系和风险评估模型;实现对油田安全生产风险的辨识评估、动态预控、跟踪处置、降低转移;强化安全生产风险的分类分级管控,实现安全风险的智能评估、精准预警及趋势预测,有效遏制重大、特大事故的发生(图 4-2-28)。

第四章 智能油气田展望

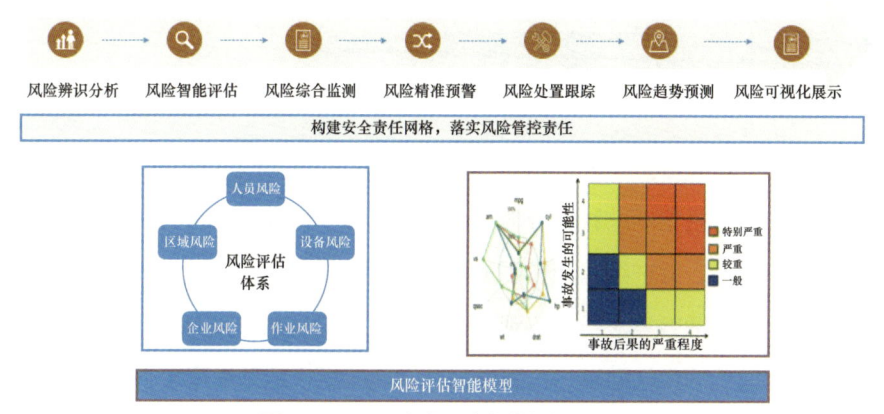

图 4-2-28 安全风险趋势智能预测场景

3. 安全生产智能分析与辅助决策体系全面建立

利用大数据分析和机器学习算法持续优化管理和辅助科学决策模型，实现场站管理、施工作业、生产运行、安全监督等场景下的安全态势自动感知；风险隐患自动评估、危险事件自动预警、故障事故自动干预，最大程度降低事故发生概率，为领导掌控油田整体安全形势、研判未来发展趋势、保障油区安全生产，提供辅助决策支撑（图 4-2-29）。

图 4-2-29 安全生产智能分析与辅助决策场景

— 213 —

八 智能化企业经营、管理与决策分析

建立以经济效益为中心的"四位一体"生产经营一体化管理模式（图4-2-30），将互相联系的生产经营活动融合形成一个有机整体；实现各要素资源的集中统一调配和科学高效利用，促进经营决策更加科学高效、经济运行更加合理顺畅、效益评价更加准确完善、绩效考核更加客观公正及各业务单元从"无效变有效、有效变高效、高效再提效"的良性循环，全面提升大港油田生产经营管理水平和创效能力。

图4-2-30 "四位一体"管理模式

> **小贴士**
>
> 四位一体：事前算赢、先算后干，构建科学的决策支撑体系；动态优化、边干边算，构建高效的经济运行体系；全程跟踪、干后再算，构建全面的效益评价体系；量化考核、算后兑现，构建完善的绩效考核体系。

1. 经营管理智能决策体系全面建立

构建覆盖勘探、开发、产建、生产运行四大领域，战略、预算、成本、营运、考核等全业务链的生产经营一体化管理模式，实现生产经营各项资源高效配置、各个环节无缝衔接。运用大数据、知识图谱、数据模型等技术和方法，以效益为导向透视生产经营各环节的问题和潜力，开展全业务链的专项分析，依托指标体系实现管理报告、对标比标分析、风险预警分析、绩效考核等；从决策层、管理层、业务层三个层面，建立全方位分析体系。通过多维数据分析引擎，为使用者提供自助式报表分析功能，业务用户可以通过拖拽操作完成数据查询和分析；实现对数据的灵活分析与应用、信息共享和数据价值管理、所见即所得的数据可视化，满足管理分析和决策的业务需求，支撑大港油田经营管理的智能决策（图4-2-31）。

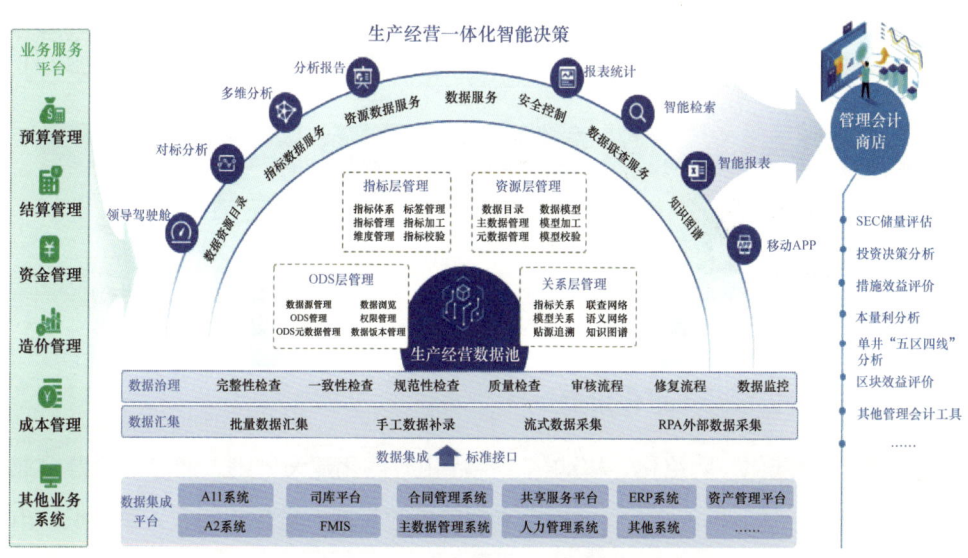

● 图4-2-31　生产经营一体化智能决策场景

2. 物资仓储物流配送智能管控

利用云计算、大数据、物联网、移动应用与大数据分析技术，构建大港油田统一的物资仓储管理虚拟共享中心，统一规划、统一设计；实现内部物资信息、外部物资信息、仓储设施信息及物流配送信息四个方面信息的共享和综合应用，实现每个作业现场的物资需求信息与产品生产供应信息、物流配送信息、产品质量信息、用户使用信息无缝对接的"五位一体"全供应链展示。为大港油田物资管控数据分析、物流配送管理、重点物资消耗统计及用户需求跟踪分析提供决策支持，同时提升了生产物资保供能力（图4-2-32）。

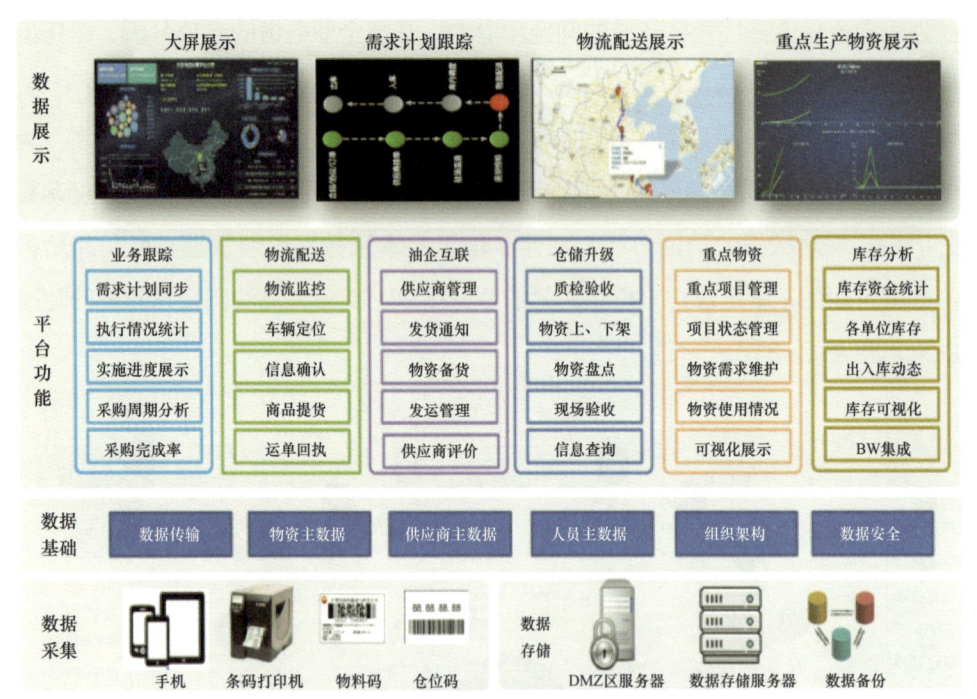

● 图 4-2-32　物资仓储物流配送智能管控场景

3. 综合办公业务无纸化全覆盖

遵循"标准化、网络化、移动化、平台化"四化建设原则，通过综合办公业务无纸化建设（图4-2-33），实现大港油田行政管理、党政工团、人事组织、市场经营、生产运行、科技信息、企管法规、安全环保各业务路纵向到底、横向到边的全覆盖，实现业务流程纵向上标准化管理，横向上一体化协同管理，全面构建敏捷、高效的掌上办公模式。同时，通过业务流程KPI指标多维度智能分析，优化业务流程，大幅提高大港油田综合办公管理水平，为公司可持续、高质量发展提供支撑。

第四章　智能油气田展望

多端访问	PC端　移动端							
行政管理	党政工团	人事组织	市场经营	生产运行	科技信息	企管法规		安全环保

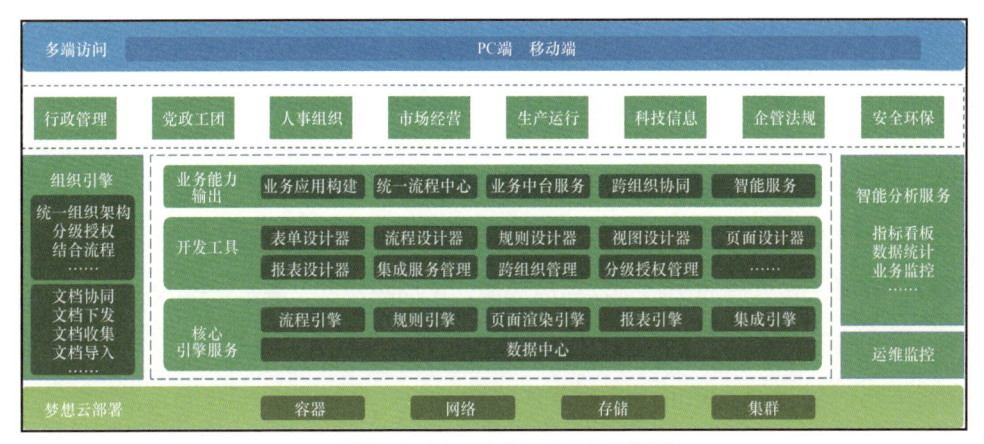

组织引擎
统一组织架构
分级授权
结合流程
……

文档协同
文档下发
文档收集
文档导入

业务能力输出：业务应用构建　统一流程中心　业务中台服务　跨组织协同　智能服务

开发工具：表单设计器　流程设计器　规则设计器　视图设计器　页面设计器
报表设计器　集成服务管理　跨组织管理　分级授权管理　……

核心引擎服务：流程引擎　规则引擎　页面渲染引擎　报表引擎　集成引擎
数据中心

智能分析服务
指标看板
数据统计
业务监控
……

运维监控

梦想云部署：容器　网络　存储　集群

● 图 4-2-33　综合办公无纸化场景

> **小贴士**
>
> 四化建设原则：标准化——纵向从上往下的业务流程标准化，横向不同单位之间相同业务的流程统一化；网络化——取消纸质和电子表单形式，所有业务通过网上进行流转；移动化——核心业务及关键业务流程做到移动化审批和展示；平台化——办公类系统和待办集成在一个平台上，做到一张纸办公，一个桌面办公。

结 束 语

大港油田信息化建设历经三十多年的艰苦努力，凝聚了几代石油人的心血，现已全面建成数字油田。今天，数字化转型智能化发展蓝图已经绘制，智能化建设新征程已经开始，大港油田将倾注百倍热情，贯彻新理念、融合新技术、建立新机制，以高质量发展为主题、数智化转型为主线、低成本运营为主调，攻坚克难，为建设国内一流的数智油田而努力奋斗。

在此，向所有组织和参与大港数字油田和智能油田建设的领导专家致以崇高的敬意和谢意！

参 考 文 献

杜金虎，时付更，张仲宏，等，2020.中国石油勘探开发梦想云研究与实践［J］.中国石油勘探，25（1）：58-66.